THE CROCHET PATTERN

新版
钩针编织图案大全集

配色花样
阿兰花样
3D 花样
彩色蕾丝

日本 E&G 创意　编著

刘晓冉　译

河南科学技术出版社
·郑州·

目　录

拼布风坐垫

将"北欧风 E"的花片和"北欧风 F"的花片拼接在一起，
就做成了这款拼布风坐垫。
还可以尝试正反面使用不同图案的组合，做成双面可用的
坐垫。

银喉长尾山雀束口袋

这款束口袋很方便放入包包中携带，
雪白的银喉长尾山雀图案圆滚可爱。

16、17　32
图片 p.10　图片 p.18

78
图片 p.40

小熊背包

这是一款儿童背包，小熊图案的口袋是一大亮点。
口袋部分是单独缝合的，所以也可以换成其他图案边长
10cm 的花片。

圣诞节主题花片

圣诞节期间的花草主题花片。
可作为挂旗装饰，让圣诞节的氛围更浓郁。

84、85、86、87

图片 p.43

雏菊笔袋

这款笔袋让人更期待每天放什么进去。
选择自己喜欢的边长10cm的花片连接在一起，
就能轻松完成。

木茼蒿隔热垫

用独特的隔热垫，
让下午茶时光变得不同寻常吧。

爱尔兰玫瑰束口袋

将2片爱尔兰玫瑰花片做卷针缝缝合，
再编织上袋口，就做成了这款束口袋。
出门携带也很美观、精致。

65
图片 p.34

70
图片 p.36

73
图片 p.37

第 1 部分

配色花样

Braiding

用喜欢的配色编织一款试试吧。

1 格子
尺寸 10cm × 10cm

2 驯鹿
尺寸 10cm × 10cm

3 配色花样
尺寸 3cm×20cm

制作方法 p.62　设计、制作 河合真弓

4 爱心
尺寸 15cm × 15cm

5 八芒星
尺寸 15cm × 15cm

6 菱形
尺寸 15cm × 15cm

7 女孩和男孩
尺寸 15cm × 15cm

制作方法 p.63 设计、制作 远藤博美

8 费尔岛 A
尺寸 10cm × 10cm

9 费尔岛 B
尺寸 10cm × 10cm

10 费尔岛 C
尺寸 10cm × 10cm

11 费尔岛 D
尺寸 10cm × 10cm

制作方法 p.64 设计、制作 冈真理子

12 北欧风 A
尺寸 10cm × 10cm

13 北欧风 B
尺寸 10cm × 10cm

14 北欧风 C
尺寸 10cm × 10cm

15 北欧风 D
尺寸 10cm × 10cm

制作方法 p.65 设计、制作 远藤博美

16

北欧风 E

尺寸
15cm × 15cm

17

北欧风 F

尺寸
15cm × 15cm

制作方法 p.68 设计、制作 河合真弓

18

树叶 A

<u>尺寸</u>
15cm × 15cm

19

树叶 B

<u>尺寸</u>
15cm × 15cm

<u>制作方法 p.69</u> 设计、制作 冈真理子

20

嘉顿格纹

<u>尺寸</u>
10cm × 10cm

21

菱形格纹

<u>尺寸</u>
10cm × 10cm

制作方法 p.70　设计、制作 镰田惠美子

22

塔特萨尔小窗
格纹
尺寸
15cm × 15cm

23

千鸟格
尺寸
15cm × 15cm

制作方法 p.71 设计、制作 镰田惠美子

24

单瓣郁金香
尺寸
12cm × 12cm

25

铃兰
尺寸
12cm × 12cm

制作方法 p.72 设计、制作 远藤博美

26

波斯菊

尺寸
12cm × 12cm

27

重瓣郁金香

尺寸
12cm × 12cm

制作方法 p.73 设计、制作 冈真理子

28

大丽花

尺寸
12cm × 12cm

29

康乃馨

尺寸
12cm × 12cm

制作方法 p.74　设计、制作 远藤博美

30

木槿花
尺寸
15cm × 15cm

31

木苘蒿 A
尺寸
15cm × 15cm

制作方法 p.75 设计、制作 远藤博美

32

银喉长尾山雀

尺寸
12cm × 12cm

33

暗绿绣眼鸟

尺寸
12cm × 12cm

制作方法 p.76 设计、制作 远藤博美

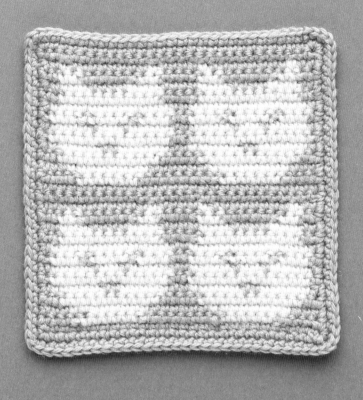

34

小猫
尺寸
10cm × 10cm

35

兔子 A
尺寸
10cm × 10cm

制作方法 p.78 设计、制作 镰田惠美子

36

熊猫
<u>尺寸</u>
10cm × 10cm

37

考拉
<u>尺寸</u>
10cm × 10cm

制作方法 p.79 设计、制作 镰田惠美子

38

雏鸡
尺寸
15cm × 15cm

39

猫头鹰
尺寸
15cm × 15cm

制作方法 p.80　设计、制作 镰田惠美子

第 2 部分

阿兰花样

Aran

用钩针编织表现的阿兰花样，立体的凹凸纹路更加美丽。
组合多个图案，制作成靠垫或小包等独一无二的小物吧。

40

尺寸
15cm × 15cm

41

尺寸
20cm × 20cm

制作方法 p.81 设计、制作 河合真弓

42

尺寸
20cm × 20cm

43

尺寸
20cm × 20cm

制作方法 p.82 重点教程 42/p.54、121，43/p.121 设计、制作 佐藤美幸

44

尺寸
30cm × 2cm

45

尺寸
30cm × 3cm

46

尺寸
30cm × 7cm

制作方法 p.83　设计、制作 佐藤美幸

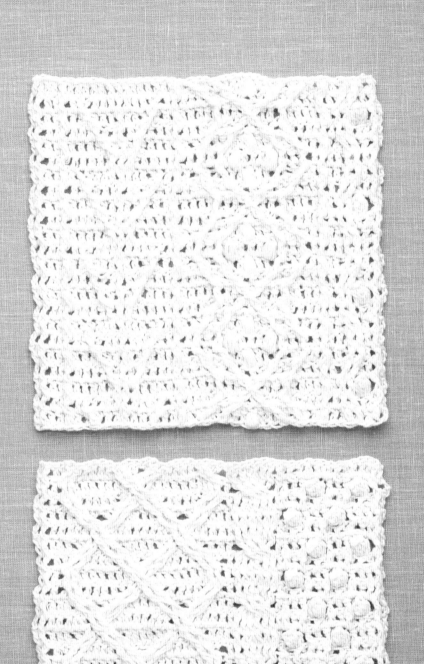

47

<u>尺寸</u>
20cm × 20cm

48

<u>尺寸</u>
20cm × 20cm

制作方法 p.84 设计、制作 佐藤美幸

49

尺寸
13cm × 13cm

50

尺寸
13cm × 13cm

制作方法 p.85　设计 冈本启子　制作 宫崎满子

51

尺寸
20cm × 10cm

制作方法 p.86　重点教程 52/p.122　设计、制作 河合真弓

27

3D

3D 花样的立体结构，让编织出来的花片更加可爱。

将花片连接在一起，就能做出各种各样的小物。

当然也可以将做好的小物用作礼物。

53

向日葵

尺寸 12cm × 12cm

54

康乃馨

尺寸 12cm × 12cm

制作方法 53/p.87、54/p.88 设计、制作 松本薰

55

玫瑰 A

尺寸
12cm × 12cm

56

玫瑰 B

尺寸
12cm × 12cm

制作方法 p.89　重点教程 p.54　设计、制作 远藤博美

57

睡莲 A

<u>尺寸</u>
15cm × 15cm

58

睡莲 B

<u>尺寸</u>
15cm × 15cm

<u>制作方法</u> p.90　设计、制作 芹泽圭子

59

罂粟花

尺寸
10cm × 10cm

60

三色堇

尺寸
10cm × 10cm

制作方法 p.91　重点教程 60/p.55　设计、制作 松本薫

61

欧洲银莲花 A

尺寸
15cm × 15cm

62

欧洲银莲花 B

尺寸
15cm × 15cm

制作方法 p.92 设计、制作 芹泽圭子

63

玫瑰 C
尺寸
15cm × 15cm

64

玫瑰 D
尺寸
15cm × 15cm

制作方法 p.93　重点教程 p.56　设计、制作 镰田惠美子

雏菊
<u>尺寸</u>
10cm × 10cm

66

旋花
<u>尺寸</u>
10cm × 10cm

制作方法 p.94　设计、制作 河合真弓

67

山茶花
<u>尺寸</u>
10cm × 10cm

68

虎耳草
<u>尺寸</u>
10cm × 10cm

制作方法 p.96　设计、制作 远藤博美

69

木茼蒿 B

尺寸
15cm × 15cm

70

木茼蒿 C

尺寸
15cm × 15cm

制作方法 p.97 重点教程 p.56 设计、制作 河合真弓

71

迷你玫瑰
<u>尺寸</u>
直径 10cm

72

玫瑰 E
<u>尺寸</u>
直径 10cm

73

爱尔兰玫瑰
<u>尺寸</u>
15cm × 15cm

<u>制作方法</u> 71、72/p.99，73/p.100　<u>重点教程</u> 71、73/p.58　设计、制作 河合真弓

74

三角龙
尺寸
12cm × 12cm

75

企鹅
尺寸
12cm × 12cm

制作方法 74/p.102、75/p.103 设计、制作 藤田智子

77

兔子 B
尺寸
10cm × 10cm

制作方法 76/p.104、77/p.105 设计、制作 冈真理子

78

小熊

尺寸
10cm × 10cm

79

北极熊

尺寸
10cm × 10cm

制作方法 p.106 设计 河合真弓 制作 关谷幸子

80

大象
尺寸
10cm × 10cm

81

狮子
尺寸
10cm × 10cm

制作方法 80/p.108、81/p.109 重点教程 80/p.54 设计、制作 松本薫

82

驯鹿

<u>尺寸</u>
10cm × 10cm

83

圣诞树

<u>尺寸</u>
10cm × 10cm

制作方法 p.110 重点教程 83/p.57 设计、制作 冈真理子

84

玫瑰 F
尺寸
8.5cm × 8.5cm

85

柊树
尺寸
8.5cm × 8.5cm

87

一品红 B
尺寸
9.5cm × 9.5cm

86

一品红 A
尺寸
9.5cm × 9.5cm

制作方法 84、86、87/p.111，85/p.112　重点教程 p.58、59　设计、制作 冈真理子

彩
色
蕾
丝

Colorful lace

在这一部分将着重介绍线迹细腻、花样美丽、色彩丰富的蕾丝作品。

编织颜色各异的蕾丝花片，欣赏风格多样的作品吧。

88

渐变色玫瑰

尺寸
边长 15cm

制作方法 p.113 重点教程 p.59 设计、制作 武田敦子

尺寸
边长 10cm

90
尺寸
边长 10cm

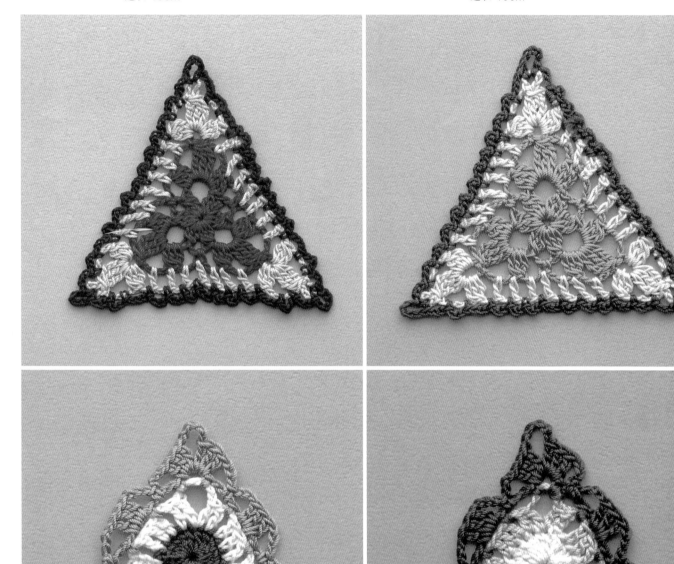

91
尺寸
边长 7cm

92
尺寸
边长 7cm

制作方法 p.114　设计 冈本启子　制作 宫本真由美

93

蓝色玫瑰
尺寸
边长 10cm

94

红色玫瑰
尺寸
10cm × 10cm

制作方法 p.115 设计、制作 镰田惠美子

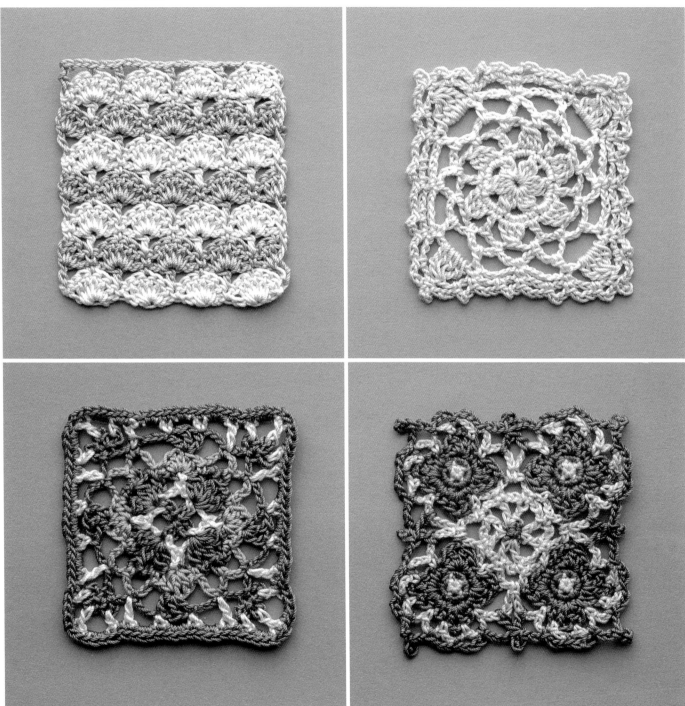

95

96

97
尺寸
7cm × 7cm

98
尺寸
7cm × 7cm

制作方法 95、96/p.116，97、98/p.117　重点教程 98/p.59　设计、制作 池上舞

99

尺寸
10cm × 10cm

100

尺寸
10cm × 10cm

制作方法 p.118　设计、制作 冈真理子

48

101

尺寸
10cm×10cm

102

尺寸
10cm×10cm

103

尺寸
10cm × 10 cm

104

尺寸
10cm × 10cm

制作方法 101、102/p.119，103、104/p.120 设计、制作 远藤博美

※ 部分作品更换了线的颜色进行讲解

配色花样的编织方法（包住配色线编织）※ 此处用作品 20 进行讲解

[加入配色线]

第 1 行的编织起点

[将编织线替换成白色线]

[将编织线替换成浅紫色线]

1 用浅紫色线编织起针和 1 针立起的锁针，在里山入针，先将白色线（配色线）挂在钩针上，再将浅紫色线挂在针尖上。

2 一边包住白色线，一边用浅紫色线编织 1 针短针。

3 继续一边包住白色线，一边用浅紫色线编织 3 针短针，再编织 1 针未完成的短针，将白色线挂在针尖上（a）再引拔出，编织线就替换成了白色线（b）。

4 一边包住浅紫色线（参考步骤 2），一边用白色线编织 3 针短针，再编织 1 针未完成的短针，将浅紫色线挂在针尖上（a）再引拔出。编织线就替换成了浅紫色线（b）。

[拉起配色线]

第 1 行的编织终点

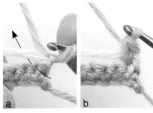

第 4 行的编织终点

5 让白色线与浅紫色线交叉，将浅紫色线挂在针尖上，编织第 2 行立起的 1 针锁针。

6 将织片翻面（a），将针目与白色线如箭头所示一起挑起，一边包住白色线，一边开始用浅紫色线编织第 2 行。

7 编织终点需编织未完成的短针，将下一行的编织线（深紫色线）挂在针尖上，引拔出。

8 引拔好的样子。编织线就替换成了深紫色线。

[第 1 行的编织起点是配色线的情况]

9 将针尖上的线引拔，编织第 5 行立起的 1 针锁针。

10 将织片翻面，参考步骤 6，一边包住紫色线，一边用深紫色线开始编织。图为编织好第 5 行的样子。

1 用红色线（底色线）编织起针的锁针，替换成白色线（配色线），编织第 1 行立起的 1 针锁针。

2 将起针的里山和红色线一起挑起，一边包住红色线一边用白色线编织 1 针短针。

引拔针锁链的编织方法 ※ 此处用作品 21 进行讲解

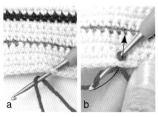

1 将钩针穿入锁链起点的针目中，将线挂在针尖上（a），拉出线圈（b）。"在下一行的针目中入针，参考 b 的箭头方向，挂线后拉出"。

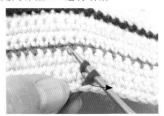

2 将针尖上的线圈引拔出。

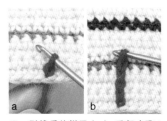

3 引拔后的样子（a）。重复步骤 1 和步骤 2，编织好 5 针的样子（b）。

4 斜向的引拔针锁链需参考步骤 1～3，先右上斜向编织，再左上斜向编织。

边缘编织的编织方法 ※ 此处用作品 20 进行讲解

[转角的编织方法]

1 编织至编织终点前的 1 针。

2 在编织终点的针目中编织 3 针短针。

[从行上挑针]

3 分开顶端的针目（参考●标记），挑针。放大图为挑起数针后的样子。

4 起针侧和编织终点侧需在每个针目中各编织 1 针短针，在两端的针目中各编织 3 针短针。另外两侧需从每 1 行上各挑起 1 针编织。图为编织好 1 行边缘编织的样子。

线头的处理 ※ 此处用作品 8 进行讲解

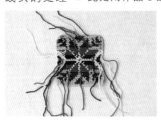

1 图为留在背面的用于编织配色花样的线头。

2 将配色线穿入手缝针，隐藏在针目中，注意不能影响正面。

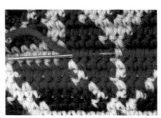

3 往返运针，将配色线藏起来，再将线剪断。

4 将线一根一根仔细藏在织片中，完成。

挑起针目后侧根部的方法
[挑起短针时]

反面

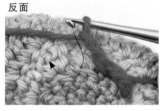

1　按箭头所示，挑起短针后侧的根部 2 根线，编织指定的针法。

※ 图为正在看着织片的反面编织。但如果正在看着正面编织，需将织片倒向前面，按照相同的方法，挑起短针后侧的根部 2 根线编织

2　入针后的样子（a）。针目编织好的样子（b）。

[挑起长针时]

反面

1　按箭头所示，挑起长针后侧的根部 1 根线，编织指定的针法。

※ 图为正在看着织片的反面编织。但如果正在看着正面编织，需将织片倒向前面，按照相同的方法，挑起长针后侧的根部 1 根线编织

2　入针后的样子（a）。针目编织好的样子（b）。

渡线的方法　※ 移动编织位置时，不剪断线，继续编织的方法

正面

反面

渡线

1　编织至要渡线前的针目后，将针从针目中抽出，扩大针目的线圈，将线团穿过线圈。

2　拉动线头，将线圈拉紧。

3　将拉紧后的线靠近织片，渡线的同时，将针穿入要加线的针目中（a），将线拉出（b）。这时，需注意不要缠住渡线。

4　继续，按照编织图编织，渡过来的线需在织片的反面。

流苏的制作方法

1　在指定尺寸的厚卡纸上按照指定的次数绕线。在一侧的线圈中穿入同色的线，牢固地打 2 次结。

※ 为了清晰易懂，更换了线的颜色进行讲解

2　剪开另一侧的线圈。

3　拆下厚卡纸，用另一根线在指定的位置牢固地打 2 次结。

4　将在步骤 3 中打结的线头穿入手缝针，再穿入流苏中，处理线头。将流苏修剪至指定的尺寸。

前面半针和后面半针分别挑针的方法

[先挑起前面半针时]

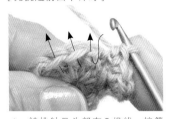

1 被挑针目头部有 2 根线，按箭头所示，挑起其中前面半针的 1 根线编织。

正面　　　反面

2 挑起前面半针，编织好 1 行的样子。右图为从反面看的样子。反面没有挑起的后面半针呈现出条纹状。

[挑起剩余的后面半针时]

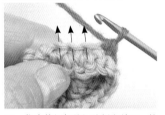

3 将先编织好的织片倒向前面，按箭头所示，挑起步骤 1 中被挑针目头部剩余的后面半针的 1 根线编织。

4 挑起剩余的后面半针，编织好数针的样子。织片分成了后面和前面 2 个部分。

[先挑起后面半针时]

1 被挑针目头部有 2 根线，按箭头所示，挑起其中后面半针的 1 根线编织。

正面

2 挑起后面的半针，编织好 1 行的样子。织片正面没有挑起的前面半针呈现出条纹状。

[挑起剩余的前面半针时]

3 按箭头所示，挑起步骤 1 中被挑针目头部剩余的前面半针的 1 根线编织。

4 挑起剩余的前面半针，编织好数针的样子。织片分成了后面和前面 2 个部分。

织片的定型方法

1 将画有织片完成尺寸的纸放在熨烫台上。为了防止弄脏，可再重叠 1 张描图纸。

2 将织片放在步骤 1 的上面，对齐画出的完成尺寸，用珠针固定织片四角。为了更容易熨烫，扎珠针时尾部需向外倾斜。

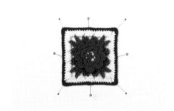

3 在步骤 2 中扎入的珠针之间，再均匀地扎入珠针固定。

4 将熨斗悬空，一边用蒸汽熨烫织片，一边调整形状。待织片散热后取下珠针。需注意的是，如果没等织片放凉就取下珠针，调整好的形状有可能复原。

※ 部分作品更换了线的颜色进行讲解

42 图片 p.23 制作方法 p.82
2 针中长针的变化的枣形针的右上交叉

= 参考 p.126

1 在针上挂线,在前一行的针目中入针,挂线后拉出。重复 2 次。继续在针上挂线,按箭头①所示引拔出。再挂 1 次线,按箭头②所示引拔出。

2 编织好的样子。为了包住在步骤 1 中完成的变化的枣形针,在右侧的长针上,重复与步骤 1 相同的操作。

3 在针上挂线,按箭头①所示引拔出。再挂 1 次线,按箭头②所示引拔出,完成。

4 浮现出类似圆点的图案。

55、56 图片 p.29 制作方法 p.89
叶子和花片 1 的连接方法

花片第 16 行的编织方法

1 在编织叶子倒数第 1 针的引拔针时,与花片 1 相连。按箭头所示,在花片 1 第 12 行的短针头部入针。

2 在针上挂线,按箭头方向引拔出。

3 编织倒数第 1 针的引拔针,叶子和花片 1 连接在了一起。

1 在编织花片 1 第 16 行转角的 2 针短针时,如图所示,成束挑起叶子和花片 1 第 15 行的锁针环,一起编织。

2 编织 1 针短针、3 针锁针、1 针短针后,花片 1 和叶子连接在了一起。

3 按照相同的方法,一边在四角连接叶子和花片 1 的第 15 行,一边编织第 16 行。

80 图片 p.41 制作方法 p.108
鼻子的编织方法[鼻子的第 5 行]

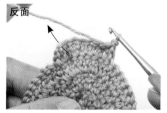

反面

1 鼻子的第 5 行最后的引拔针,需在第 5 行的第 3 针立起的锁针上引拔。

2 引拔后,环形编织第 5 行。

底座第 7 行的编织方法

3　按照相同的方法，环形编织第 6 行。

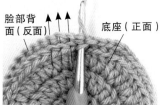

脸部背面（反面）　　底座（正面）

4　底座的第 7 行需一起挑起底座第 4 行的后面半针的 1 根线和脸部背面第 3 行的头部 2 根线编织。

5　在鼻子的挑针位置，只需挑起脸部背面第 3 行的头部编织。

6　底座的第 7 行编织好了。除鼻子的挑针位置外，将 2 片织片缝合在一起。

60　图片 p.31　制作方法 p.91
上层花瓣（第 5 ~ 8 行）的编织方法

第 5 行反面

1　上层花瓣需分成 2 片编织。首先，编织第 5 行。将织片翻至反面，在第 2 行第 6 针的后面半针上加入新线后，成束挑起第 2 行右侧（从反面看）的锁针的狗牙拉针，编织 10 针长针。

2　编织 10 针长针后，按照箭头所示，挑起第 2 行第 2 针的后面半针，编织引拔针。

3　引拔针和第 5 行编织好了。继续，将织片翻至正面，按照编织图编织第 6 行。

第 6 行正面

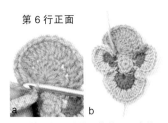

a　　　　　b

4　第 6 行最后的引拔针，需在第 5 行加线的同一针目上编织（a）。图为编织好第 5 行和上层花瓣（左）的样子（b）。

第 7 行反面

5　编织第 7 行。将织片翻至反面，将上层花瓣（左）倒向后面，在第 5 行加线的同一针目上加入新线。编织 4 针锁针，成束挑起第 2 行剩余的锁针的狗牙拉针，编织 6 针长针。

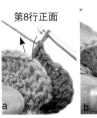

6　第 7 行最后的引拔针，需将刚刚编织的上层花瓣（左）倒向后面，挑起与步骤 2 相同的针目编织。图为编织好引拔针的样子。

第8行正面

a　　　　　b

7　继续，将织片翻至正面，按照编织图编织第 8 行（a）。最后的引拔针需在刚刚编织的上层花瓣（左）第 6 行的第 6 针上入针编织。

正面

8　第 8 行和 2 片上层花瓣编织好了。2 片花瓣重叠在一起。

63、64

图片 p.33　制作方法 p.93

锁针环的编织方法

第5行

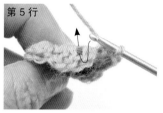  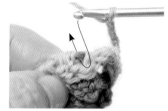 

1　开始编织第5行。首先，将第4行倒向前面，从第4行花瓣第2针的中长针和第3针的长针之间，按箭头所示成束挑起第3行的锁针环编织短针。

2　短针编织好了。

3　继续，编织4个锁针，从下一个花瓣开始，也按照与步骤1相同的方法，从花瓣之间成束挑起第3行的锁针环编织短针。

4　第5行的锁针环形成了1个花样。按照相同的要领，编织各行的锁针环。

69、70

图片 p.36　制作方法 p.97

第 8 ~ 11 行的编织方法

第8行

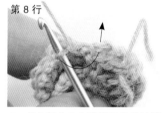   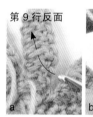

1　第8行的1片花瓣和引拔针编织好后，将花瓣倒向前面，编织1针锁针，再在第7行的前1个针目中入针。

2　在针上挂线，按箭头所示引拔（a）。引拔后的样子（b）。

3　按步骤1、2的方法，第8行需在编织花瓣后，在花瓣的反面编织1针锁针再退回1针进行编织。图为第8行编织好的样子。

4　将织片翻至反面，编织第9行。首先，按箭头所示，成束挑起花瓣第8行第4针的长针根部，加入新线（a）。线加好的样子（b）。

5　编织1针锁针，再按照与步骤4相同的方法挑起根部，编织1针短针（a）。短针编织好的样子（b）。

6　继续编织3针锁针，按箭头所示，成束挑起下一个花瓣第4针的长针根部，编织短针（a）。短针编织好后，锁针环形成了1个花样（b）。

7　按照与步骤4~6相同的方法，第9行需挑起花瓣第8行第4针的长针根部编织。图为第9行编织好的样子。

8　第10行需在第9行的编织终点继续编织3针立起的锁针，按箭头所示，成束挑起花瓣第8行第4针的长针根部编织短针（a）。短针编织好的样子（b）。

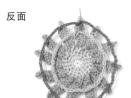

反面

第 11 行正面

9 继续编织6针锁针，按箭头所示，成束挑起下一个花瓣第8针的长针根部编织短针（a）。短针编织好了，锁针环形成了1个花样（b）。

10 按照与步骤8、9相同的方法，第10行需挑起花瓣第8行第8针的长针根部编织。图为第10行编织好的样子。

11 将织片翻至正面，编织第11行。将针成束穿入花瓣第8行顶端2针锁针的锁针环中，加线编织1针立起的锁针和1针短针。

12 编织好1针立起的锁针和短针的样子。继续，成束挑起第10行的锁针环，编织2针长针。

13 编织好了2针长针。继续，按箭头所示，一边包住第10行的锁针环，一边分开第9行的锁针并挑起，编织3卷长针。

14 3卷长针编织好了。第5、6针的长针需按照与步骤12相同的方法挑针编织，第7针的短针需按照与步骤11相同的方法挑针编织。

15 编织好1个花样的样子。按照相同的方法，继续编织第11行。

16 第11行编织好的样子。

图片 p.42 制作方法 p.110

83 叶子装饰处理线头的方法

反面

1 将叶子装饰编织终点的线头穿入手缝针（a），在针目的根部入针，将线头从叶子的反面拉出（b）。

2 将编织起点和编织终点的线头穿入手缝针。刺入叶子中心中长针的根部附近，将线头从织片的反面拉出。

3 将穿出至反面的线头稍稍拉紧，使叶子装饰2针锁针的狗牙拉针朝向下方。

4 拉至反面的线头需隐藏在织片中处理。

71
图片 p.37　制作方法 p.99

卷心玫瑰的组合方法

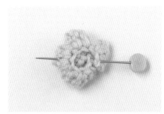

1 卷心玫瑰编织好了。

2 看着织片的正面，从右侧开始，向内侧一圈一圈卷起来。

3 将花翻至反面，在根部穿入珠针固定。

4 将线穿入手缝针，在根部呈十字形穿 4 ~ 5 次线进行固定（a）。卷心玫瑰制作完成（b）。

73
图片 p.37　制作方法 p.100

第 3 行的编织方法

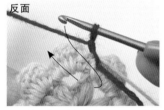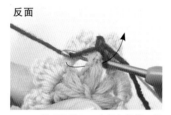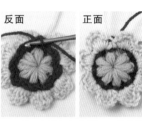

1 第 3 行需将织片翻至反面，看着反面编织。先编织 1 针锁针做起立针，再按箭头所示入针，编织短针的正拉针。

2 入针后的样子。在针上挂线，按箭头所示拉出。

3 编织好短针的正拉针的样子。

4 第 3 行编织好的样子。在看着正面时，第 3 行出现在第 2 行花瓣的后侧。

84
图片 p.43　制作方法 p.111

第 4 行的编织方法

1 编织 1 针立起的锁针，在第 2 行的短针上按箭头所示入针，编织短针。

2 入针后的样子（a）。b 为编织好短针的样子。

3 编织 5 针锁针，从第 3 行长针的根部之间，按箭头所示，成束挑起第 2 行的锁针编织短针（a）。编织好的样子（b）。按照相同的方法，挑起第 2 行的针目，编织 1 行。

4 第 4 行编织好的样子。第 4 行需在第 3 行的反面编织。

85
图片 p.43　制作方法 p.112

编织主体的方法

主体第 4 行的编织方法

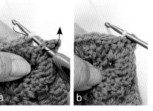

1 在叶子第 1 行剩余的后面半针上加线，根据编织图，编织主体的第 1 行。

2 主体第 1 行编织好的样子。主体第 1 行需在叶子的反面编织。

1 暂时将钩针从针目中抽出，在叶子的指定位置入针，再在刚刚休针的针目中入针，按箭头所示将线拉出（a）。b 为拉出后的样子。

2 继续，编织 3 针立起的锁针（a），挑起叶子的指定针目和主体第 3 行的针目，编织长针（b）。

3 编织好 1 针长针的样子（a）。继续编织好 3 针长针的样子（b）。编织至下一片叶子的位置。

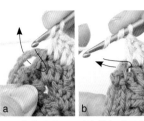

4 按箭头所示，成束挑起叶子第 4 行的锁针（☆）和主体第 3 行的锁针编织长针、长长针（a）。长针编织好的样子（b）。（☆需参考 p.112 的编织图）

5 编织好长长针后，再编织 3 针锁针，在针上挂线，按箭头所示，成束挑起叶子第 4 行的锁针（★）和主体第 3 行的锁针编织长长针、长针（a）。编织好的样子（b）。（★处需参考 p.112 的编织图）

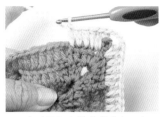

6 在叶子和主体的长针上一起入针，编织好第 4 针的样子。通过编织主体的第 4 行，将叶子的最后一行和主体固定在一起。

86、87 图片 p.43 制作方法 p.111
第 6 行的编织方法

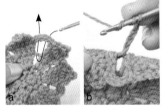

1 第 6 行需从织片的后侧，按箭头所示成束挑起第 3 行指定的锁针后加线（a）。加线后，编织好 4 针立起的锁针的样子（b）。

2 按照与步骤 1 相同的方法，成束挑起第 3 行的锁针，编织 2 针长长针（a）。按照相同的方法编织 1 行。图为编织好第 6 行的样子（b）。

第 7 行的编织方法

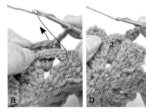

1 用 3 针锁针做起立针，按箭头所示，成束挑起第 4、5 行的锁针，再在第 6 行立起的锁针上入针，编织长长针（a）。图为编织好长长针的样子（b）。

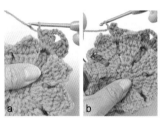

2 继续，按照与步骤 1 相同的方法入针，编织好 1 针长长针、4 针锁针、2 针长长针、1 针长针的样子（a）。编织好数针的样子（b）。第 4、5 行的花瓣部分需一边用手压着一边编织，使花瓣倒向前面。

88 图片 p.44 制作方法 p.113
花片的连接方法（在长针的头部连接时）

1 编织完连接符号前的针目后，将钩针从针目中抽出。按箭头所示，在与相邻花片连接的长针头部和取下的针目中入针。

2 从长针的头部将取下的针目拉出。

3 在针上挂线，编织长针。

4 在连接位置，重复步骤 1~3。放大图为连接好的样子。

98 图片 p.47 制作方法 p.117
花片的连接方法（用引拔针隔开针目相连时）

1 编织好 4 片花片的样子。参考编织图，将中心花片编织至与第 3 行的花片相连前的状态。

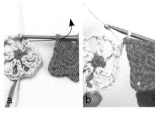

2 参考编织图，挑起外侧花片锁针头部的 2 根线，将中心花片的锁针挂在针尖上，按箭头所示引拔（a）。引拔好的样子（b）。继续，编织 2 针锁针。

3 参考编织图，连接第 2 片花片前的样子（a）。所有的花片连接好后的样子（b）。

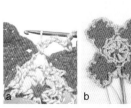

4 挑起花片的最后一行，做边缘编织。需成束挑起锁针编织（a）。做好 1 行边缘编织的样子（b）。

书中使用的线材介绍

※ 图片为实物粗细

Material Guide

※ 1 ～ 22 从左至右依次为材质→规格→线长→色数→适合的针号

※ 色数为 2023 年 11 月的数据

［Olympus（奥林巴斯）制线株式会社］

1 Emmy Grande　100% 棉、50g/ 团、约 218m、35 色、0 号蕾丝针至 2/0 号钩针

2 Emmy Grande（Colors）　100% 棉、10g/ 团、约 44m、35 色、0 号蕾丝针至 2/0 号钩针

3 Emmy Grande（Herbs）　100% 棉、20g/ 团、约 88m、18 色、0 号蕾丝针至 2/0 号钩针

4 Emmy Grande（段染）　100% 棉、25g/ 团、约 109m、5 色、0 号蕾丝针至 2/0 号钩针

5 Emmy Grande（Bijou）　97% 棉、3% 涤纶，25g/ 团、约 110m、10 色、0 号蕾丝针至 2/0 号钩针

6 Milky Baby　60% 羊毛、40% 腈纶，40g/ 团、约 114m、25 色、5/0 号钩针

［株式会社 DAIDOH FORWARD　Puppy（芭贝）］

7 Shetland　100% 羊毛（使用 100% 英国羊毛）、40g/ 团、约 90m、13 色、5/0 ～ 7/0 号钩针

8 Queen Anny　100% 羊毛、50g/ 团、约 97m、15 色、5/0 号钩针

9 Puppy New 4PLY　100% 羊毛（防缩加工）、40g/ 团、约 150m、31 色、2/0 ～ 4/0 号钩针

［Diamond（钻石）毛线株式会社］

10 Diagold（中细）　100% 羊毛、50g/ 团、约 200m、3/0 ～ 4/0 号钩针

［Hamanaka（和麻纳卡）株式会社］

11 Sonomono Suri Alpaca　100% 羊驼毛（使用苏利羊驼毛）、25g/ 团、约 90m、3 色、3/0 号钩针

12 Sonomono Tweed　100% 羊毛（防缩加工）、40g/ 团、约 112m、35 色、5/0 号钩针

13 Amerry　70% 羊毛（新西兰美利奴羊毛）、30% 腈纶，40g/ 团、约 110m、52 色、5/0 ～ 6/0 号钩针

14 Amerry F（粗）　70% 羊毛（新西兰美利奴羊毛）、30% 腈纶，30g/ 团、约 130m、30 色、4/0 号钩针

15 纯毛中细　100% 羊毛、40g/ 团、约 160m、28 色、3/0 号钩针

16 Flax K 78% 麻、22% 棉、25g/ 团、约 62m、15 色、5/0 号钩针

17 Exceed Wool L（中粗） 100% 羊毛（超细美利奴羊毛）、40g/ 团、约 80m、29 色、4/0 号钩针

18 Exceed Wool FL（粗） 100% 羊毛（超细美利奴羊毛）、40g/ 团、约 120m、35 色、4/0 号钩针

[Hamanaka（和麻纳卡）株式会社 Rich More]

19 Percent 70% 羊毛（美利奴羊毛）、30% 腈纶、40g/ 团、约 110m、52 色、5/0 号钩针

[横田株式会社 Daruma（达摩）]

20 Merino Style（中粗） 100% 羊毛（美利奴羊毛）、40g/ 团、约 88m、19 色、6/0 ~ 7/0 号钩针

21 Iroiro 100% 羊毛、20g/ 团、约 70m、50 色、4/0 ~ 5/0 号钩针

22 蕾丝线 # 20 100% 棉、50g/团、约 210m、250 色、2/0 ~ 3/0号钩针

关于废号线的说明

※ 本书中的一些作品在重新编辑前遇到了线的废号情况，已更换为正在销售的普通线名并加以表示

※ 1~4 从左至右为材质→规格→线长→适合的针号
※ 图片为实物粗细

中粗毛线

[Hamanaka（和麻纳卡）株式会社]

1 Fair Lady 50 70% 羊毛（使用防缩加工羊毛）、30% 腈纶，40g/ 团、约 100m、4/0 号钩针（使用作品：4、5、7/p.7，12 ~ 15/p.9）

中粗马海毛线

[Hamanaka（和麻纳卡）株式会社]

2 Alpaca Mohair Fine 55% 马海毛（马海羔羊毛）、35% 腈纶、10% 羊毛，25g/ 团、约 90m、4/0 号钩针（使用作品：银喉长尾山雀束口袋/p.3，32、33/p.18）

粗毛线

[Olympus（奥林巴斯）制线株式会社]

3 Petit Marche Linen & Cotton（粗） 50% 麻、50% 棉、25g/ 团、约 90m、5/0 ~ 6/0 号钩针、6 ~ 7 号棒针（使用作品：40/p.22）

中细毛线

[Hamanaka（和麻纳卡）株式会社 Rich More]

4 Mild Lana 100% 羊毛（美利奴羊毛）、40g/ 团、约 80m、3/0 号钩针（使用作品：1/p.6，8 ~ 11/p.8，57、58/p.30，66/p.34，67/p.35）

1

尺寸 10cm × 10cm
图片 p.6

线 Hamanaka　中细毛线/
红色…5g，藏青色…2g，绿色…
1g，白色、黄色…各0.5g
针　3/0号钩针

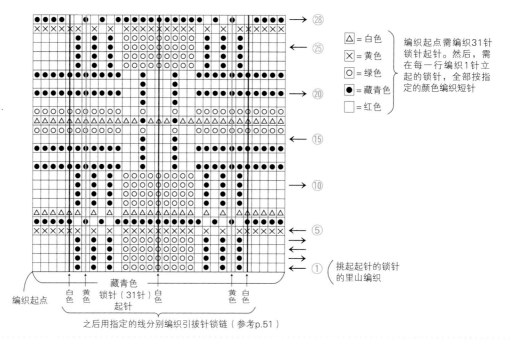

△ = 白色
✕ = 黄色
○ = 绿色
● = 藏青色
□ = 红色

编织起点需编织31针
锁针起针。然后，需
在每一行编织1针立
起的锁针，全部按指
定的颜色编织短针

→ ㉘
← ㉕
→ ⑳
← ⑮
→ ⑩
← ⑤
→ ①　挑起起针的锁针
的里山编织

编织起点　　白色　黄色　藏青色 锁针（31针）白色 黄色 白色
　　　　　　　　　　　　　起针

之后用指定的线分别编织引拔针锁链（参考p.51）

2

线 Rich More　Percent/藏青色（47）…6g、原白色（1）…5g
针　4/0号钩针

尺寸 10cm × 10cm
图片 p.6

编织图　　　　　　　　　　　　　　　　　用方格做出的编织图

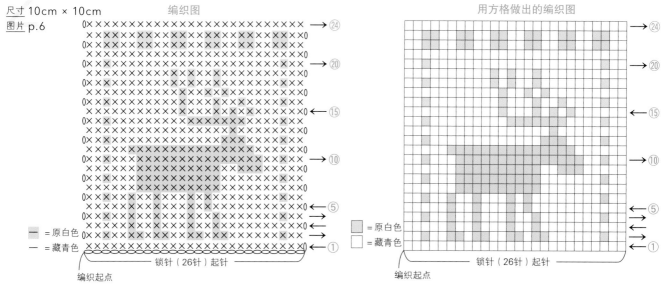

— = 原白色
— = 藏青色

= 原白色
= 藏青色

锁针（26针）起针　　　　　　　　　　　　　锁针（26针）起针
编织起点　　　　　　　　　　　　　　　　编织起点

→ ㉔
→ ⑳
← ⑮
→ ⑩
← ⑤
→ ①

※为了更加清晰易懂，用编织图（上图左）和用方格做出的编织图（上图右）2种方法表示
※参考用方格做出的编织图时也与编织图相同，编织起点需编织指定数量的锁针起针。然后，需在
　每一行编织1针立起的锁针，全部按上图标注编织短针
※编织方向因作品而异，请参考各行标注的箭头方向编织

3

线 Hamanaka　Sonomono Suri Alpaca/浅褐色（82）…3g，原白色（81）、深褐
色（83）…各2g
针　3/0号钩针

— = 深褐色
— = 原白色
— = 浅褐色

尺寸 3cm × 20cm
图片 p.6

→ ⑨
←
← ⑤
→
→ ①

14针1个花样

编织起点
锁针（71针）起针

线　Hamanaka　Sonomono Tweed/原白色（71）…15g
尺寸 15cm × 15cm　　Hamanaka　中粗毛线/深褐色…7g
图片 p. 7　　针　6/0号钩针

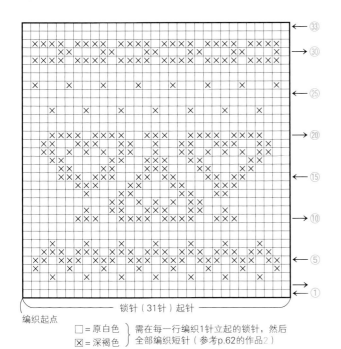

←㉝
→㉚
←㉕
→⑳
←⑮
→⑩
←⑤
→①

锁针（31针）起针
编织起点

□ = 原白色 ｝需在每一行编织1针立起的锁针，然后
☒ = 深褐色 ｝全部编织短针（参考p.62的作品2）

线　Hamanaka　中粗毛线/浅褐色…12g、
白色…10g
尺寸 15cm × 15cm　　针　6/0号钩针
图片 p. 7

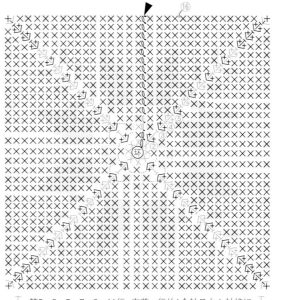

⑯
环

↓┊ 第2、3、5、7、9、11行=在前一行的1个针目上入针编织 ×┊×
↓┊ 第4、6、8、10行=在前一行的1个针目上入针编织 ×┊×
↓┊ 第13～15行=在前一行的1个针目上入针编织 ×┊×
↓┊ 第16行=在前一行的1个针目上入针编织 ×××

━ = 米色
━ = 白色

线　Hamanaka　Sonomono Tweed/深褐色（73）…15g、原白色（771）…4g
尺寸 15cm × 15cm　　针　6/0号钩针
图片 p. 7

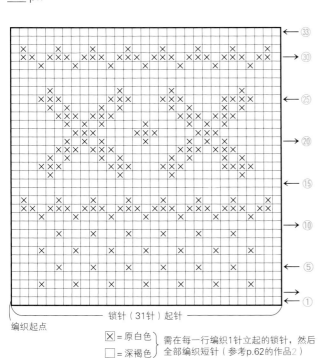

←㉝
→㉚
←㉕
→⑳
←⑮
→⑩
←⑤
→①

锁针（31针）起针
编织起点

☒ = 原白色 ｝需在每一行编织1针立起的锁针，然后
□ = 深褐色 ｝全部编织短针（参考p.62的作品2）

线　Hamanaka　中粗毛线/米色…20g、红色…4g
尺寸 15cm × 15cm　　针　6/0号钩针
图片 p. 7

红色　边缘编织①←

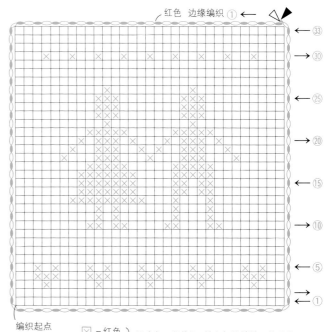

←㉝
→㉚
←㉕
→⑳
←⑮
→⑩
←⑤
→①

编织起点
锁针（31针）
起针

☒ = 红色 ｝需在每一行编织1针立起的锁针，然后全
□ = 米色 ｝部编织短针（参考p.62的作品2）

8

尺寸 10cm × 10cm
图片 p.8

线 Hamanaka 中细毛线/米色…4g，奶油色、胭脂红色、红色…各1.5g，酒红色…1g，水蓝色、蓝色…各0.5g
针 4/0号、5/0 号钩针
※除指定外均用5/0号钩针编织

边缘编织（米色）4/0钩针

锁针（27针）起针
编织起点

△ = 水蓝色	● = 红色
▲ = 蓝色	○ = 胭脂红色
∨ = 酒红色	□ = 米色
╱ = 奶油色	

需在每一行编织1针立起的锁针，然后全部编织短针（参考p.62的作品2）

9

尺寸 10cm × 10cm
图片 p.8

线 Hamanaka 中细毛线/胭脂红色、米色…各4g
针 4/0号、5/0 号钩针
※除指定外均用5/0号钩针编织

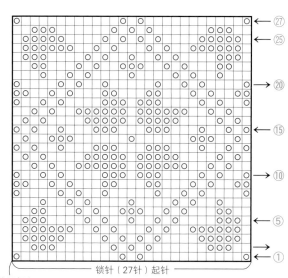

锁针（27针）起针
编织起点

□ = 胭脂红色	
○ = 米色	

需在每一行编织1针立起的锁针，然后全部编织短针（参考p.62的作品2）

※边缘编织需用米色线按照与作品8相同的方法编织（4/0号钩针）

10

尺寸 10cm × 10cm
图片 p.8

线 Hamanaka 中细毛线/原白色…4g，芥末黄色、深橙色、砖红色、深褐色、红褐色…各少量
针 4/0号、5/0 号钩针
※除指定外均用5/0号钩针编织

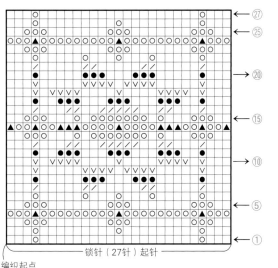

锁针（27针）起针
编织起点

∨ = 红褐色	▲ = 芥末黄色
● = 砖红色	○ = 深褐色
╱ = 深橙色	□ = 原白色

需在每一行编织1针立起的锁针，然后全部编织短针（参考p.62的作品2）

※边缘编织需用原白色线按照与作品8相同的方法编织（4/0号钩针）

11

尺寸 10cm × 10cm
图片 p.8

线 Hamanaka 中细毛线/浅紫色、酒红色…各2g，水蓝色、紫色、樱粉色、粉色…各1g
针 4/0号、5/0 号钩针
※除指定外均用5/0号钩针编织

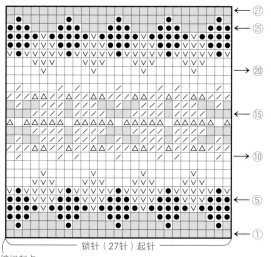

锁针（27针）起针
编织起点

△ = 水蓝色	∨ = 紫色
╱ = 樱粉色	● = 粉色
□ = 酒红色	▨ = 浅紫色

需在每一行编织1针立起的锁针，然后全部编织短针（参考p.62的作品2）

※边缘编织需用酒红色线按照与作品8相同的方法编织（4/0号钩针）

线 Hamanaka 中粗毛线/白色…7g、浅褐色…5g

针 6/0号钩针

尺寸 10cm × 10cm

图片 p.9

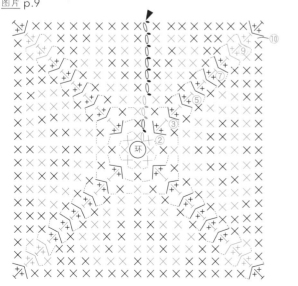

边缘编织① ⑩

白色 浅褐色

（第3行）=在前一行的1个针目上

（第2、5、8~10行）=在前一行的1个针目上

（第4、7行）=在前一行的1个针目上 　　入针编织

（第6行）=在前一行的1个针目上

● =挑起前一行的后面半针编织引拔针

线 Hamanaka 中粗毛线/红色、米色…各6g

针 6/0号钩针

尺寸 10cm × 10cm

图片 p.9

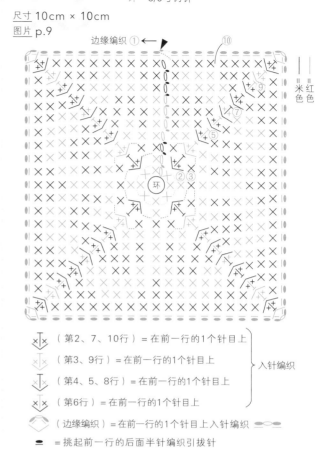

边缘编织① ⑩

米色 红色

（第2、7、10行）=在前一行的1个针目上

（第3、9行）=在前一行的1个针目上

（第4、5、8行）=在前一行的1个针目上 　入针编织

（第6行）=在前一行的1个针目上

（边缘编织）=在前一行的1个针目上入针编织

● =挑起前一行的后面半针编织引拔针

线 Hamanaka 中粗毛线/米色、深褐色…各5g

针 6/0号钩针

尺寸 10cm × 10cm

图片 p.9

⑩ ⑨ ⑤ ③ ② 环

（第2~7行）=在前一行的1个针目上入针编织 —— =深褐色
　　　　　　　　　　　　　　　　　　　　　　 —— =米色

（第8、9行）=在前一行的1个针目上入针编织

（第10行）=在前一行的1个针目上入针编织

线 Hamanaka 中粗毛线/深褐色…5g、米色…3g

针 6/0号钩针

尺寸 10cm × 10cm

图片 p.9

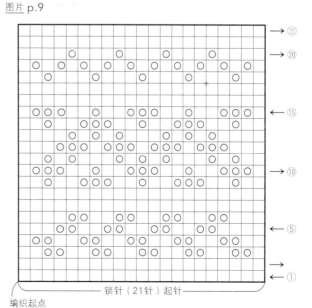

→㉒
→⑳
←⑮
→⑩
←⑤
→①
←①

锁针（21针）起针

编织起点

○ =米色
□ =深褐色 　需在每一行编织1针立起的锁针，然后全部编织短针（参考p.62的作品2）

65

■ 拼布风坐垫

尺寸 30cm × 30cm
图片 p.3

线 Puppy Shetland/浅紫色（34）…
102g、褐色（5）…33g、白色（8）…20g、
芥末黄色（2）…12g
针 5/0号钩针

编织方法
1.后片需用57针锁针起针，编织66行短针。继
续在四周编织1行边缘编织
2.前片需将花片a（16）、b（17）都用31针
锁针起针，参考编织图，编织29行短针的配色
花样，在四周编织1行边缘编织。参考图示，
配置花片a、b，用外侧半针的卷针缝拼接在一
起
3.前片和后片需反面相对，将外侧半针做卷针
缝缝合

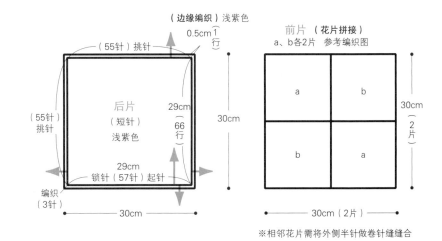

※相邻花片需将外侧半针做卷针缝缝合

组合方法

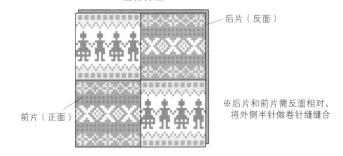

后片（反面）

前片（正面）

※后片和前片需反面相对，
将外侧半针做卷针缝缝合

后片 浅紫色

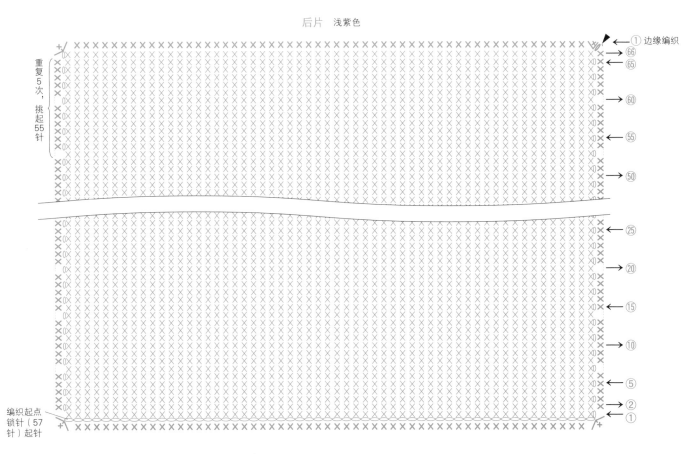

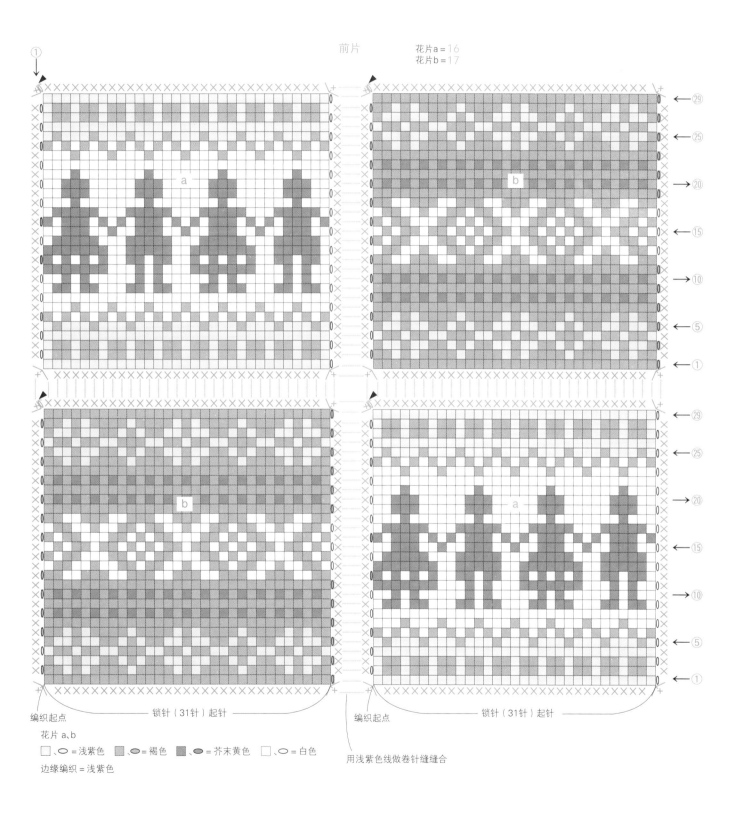

前片

花片a=16
花片b=17

① ←

←㉙
←㉕
→⑳
←⑮
→⑩
←⑤
←①

←㉙
←㉕
→⑳
←⑮
→⑩
←⑤
←①

编织起点

锁针（31针）起针

编织起点

锁针（31针）起针

用浅紫色线做卷针缝缝合

花片 a、b

□、○ = 浅紫色　■、○ = 褐色　■、● = 芥末黄色　□、○ = 白色

边缘编织 = 浅紫色

16

尺寸 15cm × 15cm
图片 p.10

线　Puppy　Shetland/白色（8）…12g、藏
青色（20）…6g、红色（29）…5g
针　5/0号钩针

边缘编织
① ↓

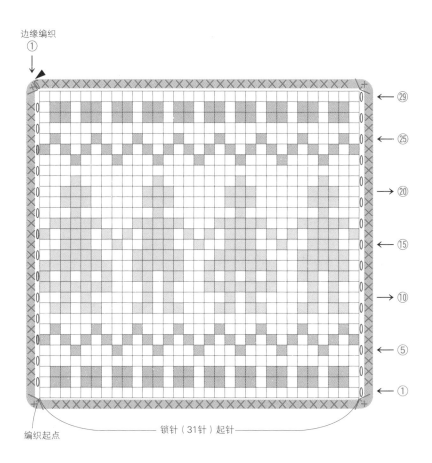

□、〇 = 白色
▨、〇 = 藏青色
▨、〇 = 红色
边缘编织 = 藏青色
※第1行需在锁针的里山挑针

编织起点
锁针（31针）起针

17

尺寸 15cm × 15cm
图片 p.10

线　Puppy　Shetland/藏青色（20）…15g、
白色（8）…5g、红色（29）…1g
针　5/0号钩针

边缘编织
① ↓

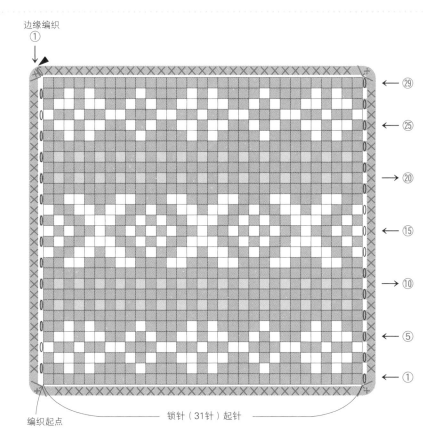

▨、〇 = 藏青色
□、〇 = 白色
▨ = 红色
边缘编织 = 藏青色
※第1行需在锁针的里山挑针

编织起点
锁针（31针）起针

18

尺寸 15cm × 15cm
图片 p.11

线 Puppy Queen Anny/藏青色（828）…
13g，米色（812）、艳粉色（974）…各6g
针 7/0号钩针

□、◯ = 藏青色

□ = 艳粉色

边缘编织 = 米色

※第1行需在锁针的里山挑针

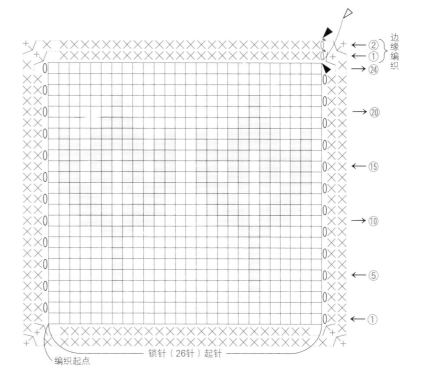

19

尺寸 15cm × 15cm
图片 p.11

线 Puppy Queen Anny/深蓝色（954）…
13g，米色（812）、蓝绿色（986）…各6g
针 7/0号钩针

□、◯ = 深蓝色

□ = 蓝绿色

边缘编织 = 米色

※第1行需在锁针的里山挑针

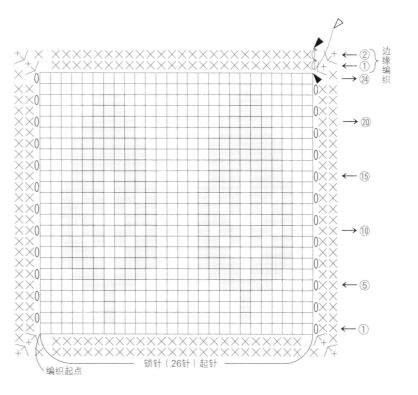

尺寸 10cm × 10cm
图片 p.12

线　Puppy　Puppy New 4PLY/水蓝色（405）、
蓝色（464）…各4g，白色（402）…2g
针　3/0号钩针

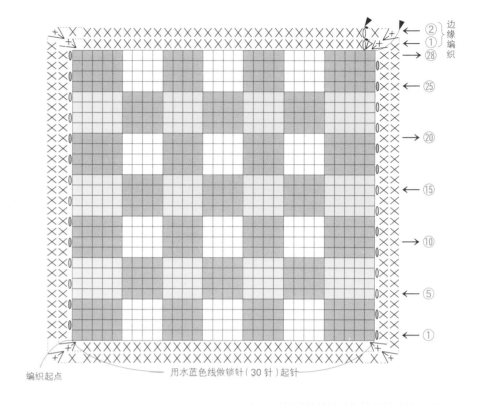

□　、⬭ = 蓝色

■　、⬭ = 水蓝色

□ = 白色

边缘编织 = 蓝色

※第1行需在锁针的里山挑针

边缘编织
←② ①
←①
←28
←25
←20
←15
←10
←5
←①

+1
编织起点
用水蓝色线做锁针（30针）起针

21

尺寸 10cm × 10cm
图片 p.12

线　Puppy　Puppy New 4PLY/米色（444）…
5g，嫩绿色（451）…3g，柠檬黄色（448）…2g
针　3/0号钩针

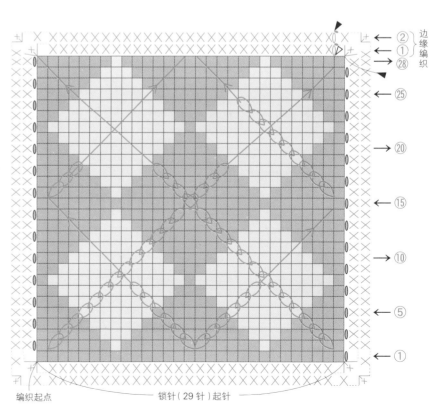

■　、⬭ = 米色

□ = 嫩绿色

边缘编织 = 柠檬黄色

⬭⬭⬭ = 用柠檬黄色线做引拔针锁链

※第1行需在锁针的里山挑针

※引拔针锁链需在每一行上
　引拔（参考p.51）

边缘编织
←② ①
←①
←28
←25
←20
←15
←10
←5
←①

编织起点
锁针（29针）起针

尺寸 15cm × 15cm
图片 p.13

线 Rich More Percent/原白色（1）…
13g、紫红色（63）…5g、蓝色（44）…3g
针 4/0号钩针

□ 、◯ ＝原白色

■ 、● ＝蓝色

□ 、◯ ＝紫红色

◁◯◯◯＝蓝色
◯◯◯＝紫红色 ｝引拔针锁链

边缘编织 ＝紫红色

※第1行需在锁针的里山挑针

※引拔针锁链需在每一行上
　引拔（参考p.51）

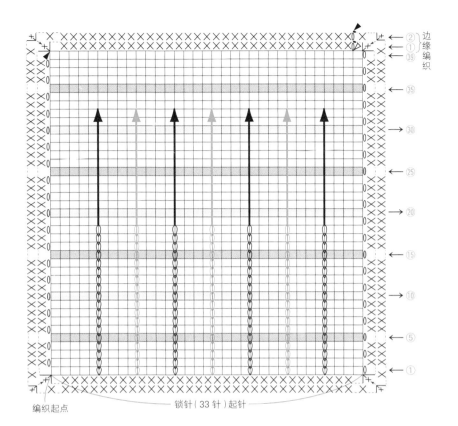

编织起点　　　　　　锁针（33针）起针

尺寸 15cm × 15cm
图片 p.13

线 Rich More Percent/白色（95）…9g、
黑色（90）…8g、灰色（93）…3g
针 4/0号钩针

□ 、◯ ＝黑色

□ 、◯ ＝白色

边缘编织 ＝灰色

※第1行需在锁针的里山挑针

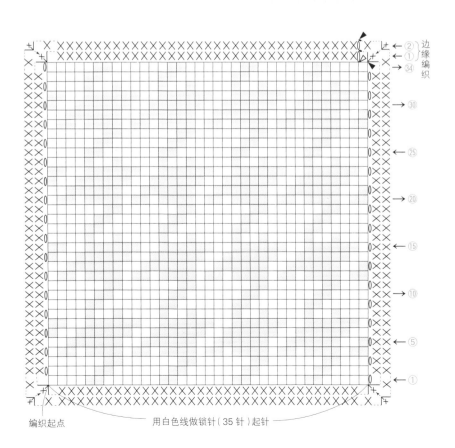

编织起点　　　　用白色线做锁针（35针）起针

71

24

尺寸 12cm × 12cm
图片 p.14

线 Hamanaka Amerry F（粗）/自然白色
（501）…3g，深红色（508）…2g，万寿菊
黄色（503）、薄荷绿色（517）…各1g
针 4/0号钩针

□ =自然白色
□ =万寿菊黄色
□ =薄荷绿色
■ =深红色

边缘编织 第1行＝深红色、第2行＝万寿菊黄色

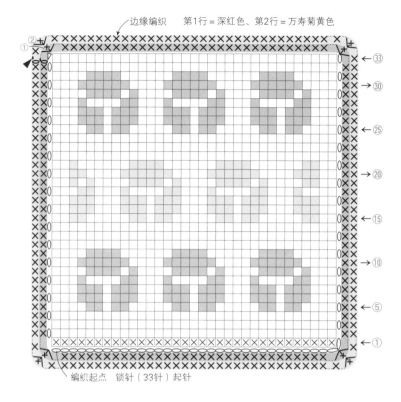

←33
→30
←25
→20
←15
→10
←5
←1

编织起点 锁针（33针）起针

25

尺寸 12cm × 12cm
图片 p.14

线 Hamanaka Amerry F（粗）/孔雀蓝色
（515）…3g，自然白色（501）…2g，奶油
黄色（502）、浅蓝色（512）、鹦鹉绿色
（516）…各1g
针 4/0号钩针

■ =孔雀蓝色
□ =自然白色
□ =奶油黄色
□ =鹦鹉绿色
⊙ =浅蓝色

边缘编织 第1行＝孔雀蓝色、第2行＝鹦鹉绿色

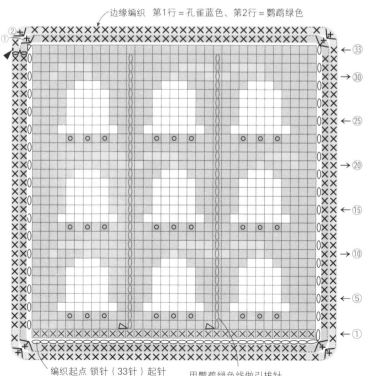

←33
→30
←25
→20
←15
→10
←5
←1

编织起点 锁针（33针）起针   用鹦鹉绿色线做引拔针
                          锁链（参考p.51）

尺寸 12cm × 12cm
图片 p.15

线　Diamond　Diagold（中细）/ 苔藓绿色
（266）…6g、奶油色（372）…4g、象牙白
色（1222）…2g、黄色（245）…1g
针　3/0号、4/0号钩针
※除指定外均用4/0号钩针编织

边缘编织　奶油色　3/0号钩针

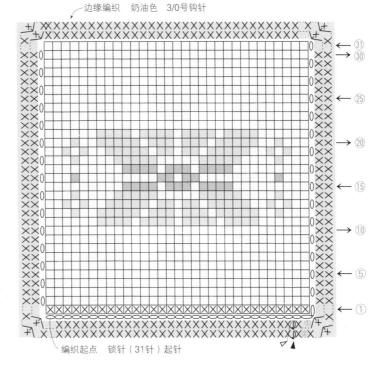

□ = 象牙白色
□ = 苔藓绿色
□ = 奶油色
■ = 黄色

编织起点　锁针（31针）起针

尺寸 12cm × 12cm
图片 p.15

线　Diamond　Diagold（中细）/ 奶油色
（372）…3.5g，粉色（336）、蓝色
（1148）、蓝绿色（371）…各3g，黄色
（245）…0.5g
针　3/0号、4/0号钩针
※除指定外均用4/0号钩针编织

边缘编织　蓝绿色　3/0号钩针

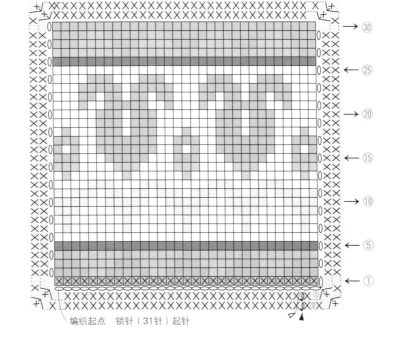

□ = 奶油色
□ = 粉色
□ = 蓝色
■ = 黄色
□ = 蓝绿色

编织起点　锁针（31针）起针

28

尺寸 12cm × 12cm
图片 p.16

线 Hamanaka Amerry F（粗）/燕麦色
（521）…8g、自然白色（501）…5g、朱橙
色（507）…2g、棕色（519）…1g
针 4/0号钩针

□ = 自然白色
□ = 燕麦色
■ = 朱橙色
■ = 棕色

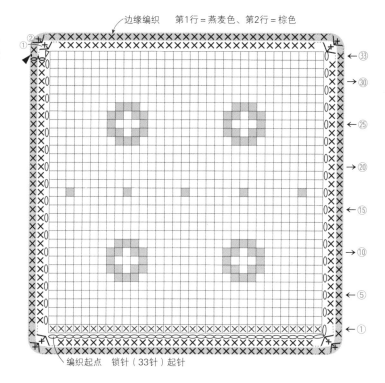

边缘编织 第1行 = 燕麦色、第2行 = 棕色

编织起点 锁针（33针）起针

29

尺寸 12cm ×12cm
图片 p.16

线 Hamanaka Amerry F（粗）/桃粉色
（504）…3g，森林绿色（518）、灰玫瑰色
（525）…各2g，薄荷绿色（517）…1g
针 4/0号钩针

□ = 桃粉色
□ = 薄荷绿色
□ = 森林绿色
■ = 灰玫瑰色

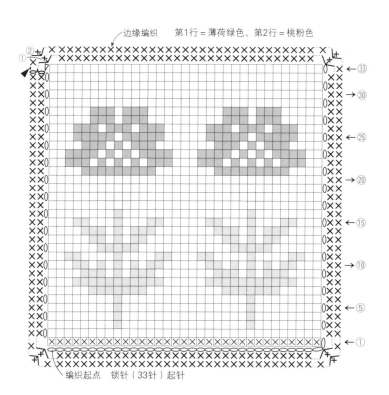

边缘编织 第1行 = 薄荷绿色、第2行 = 桃粉色

编织起点 锁针（33针）起针

尺寸 15cm × 15cm
图片 p.17

线 Rich More Percent/奶油色（3）、粉色
（72）…各10g，黄色（5）…6g，黄绿色
（16）…2g
针 4/0号钩针

、◯ = 黄色

□、◯ = 粉色

、◯ = 黄绿色

□、◯ = 奶油色

边缘编织 —— = 奶油色

　　　　—— = 粉色

※第1行需在锁针的里山挑针

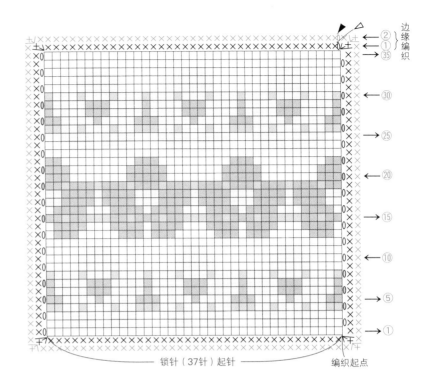

锁针（37针）起针　　　编织起点

边缘编织

尺寸 15cm × 15cm
图片 p.17

线 Rich More Percent/蓝紫色（55）…
13g、白色（1）…5g、黄色（14）…3g
针 4/0号钩针

、◯ = 蓝紫色

□、◯ = 黄色

□、◯ = 白色

边缘编织 —— = 白色

　　　　—— = 黄绿色

※第1行需在锁针的里山挑针

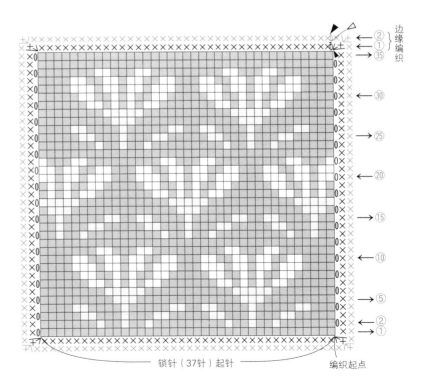

锁针（37针）起针　　　编织起点

边缘编织

32

尺寸 12cm × 12cm
图片 p.18

线　Hamanaka　纯毛中细/浅紫粉色（41）…
5g、黑色（30）…2g、褐色（46）…1g
Hamanaka　中粗马海毛线/白色…3g
针　4/0号钩针

□ = 浅紫粉色
□ = 白色
■ = 黑色
□ = 褐色

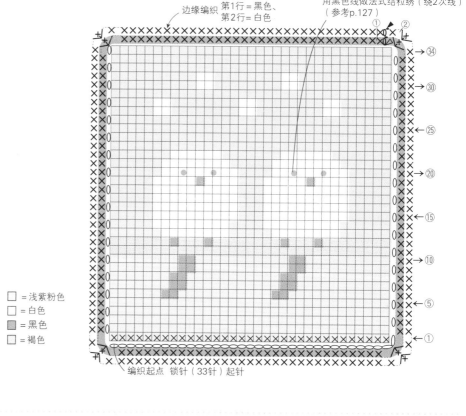

边缘编织　第1行 = 黑色、
第2行 = 白色

用黑色线做法式结粒绣（绕2次线）
（参考p.127）

编织起点　锁针（33针）起针

33

尺寸 12cm × 12cm
图片 p.18

线　Hamanaka　纯毛中细/浅桃色（31）…
6g，黄绿色（22）、褐色（46）…各2g，原
白色（2）…1g
Hamanaka　中粗马海毛线/白色…1g
针　4/0号钩针

□ = 浅桃色
□ = 褐色
■ = 黄绿色
□ = 原白色
⊙ = 白色
● = 用褐色线做法式结粒绣（绕2次线）
　　（参考p.127）

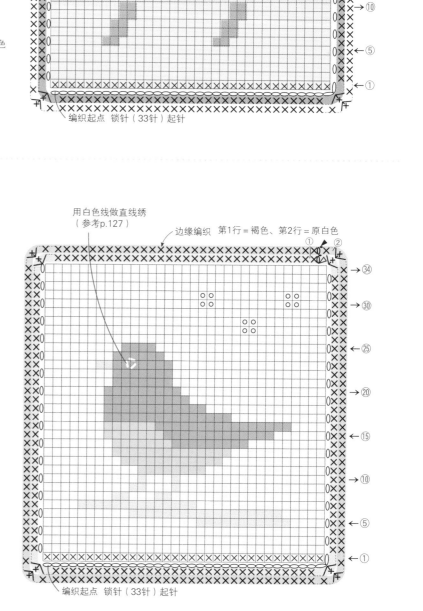

用白色线做直线绣
（参考p.127）

边缘编织　第1行 = 褐色、第2行 = 原白色

编织起点　锁针（33针）起针

■ 银喉长尾山雀束口袋

尺寸 13cm × 12cm
图片 p.3

线　Hamanaka　纯毛中细/水蓝色（※）…
15g、原白色（2）…10g、黑色（30）…1g
Hamanaka　中粗马海毛线/白色…10g
※ = 因为是废号色，所以选用喜欢的线替代即可
针　4/0号钩针

编织方法

1.编织袋身。做33针锁针的起针，挑起锁针的里山，袋身前片需参考p.76的作品32，用短针的配色花样编织银喉长尾山雀图案，后片需用短针的配色花样编织圆点图案
2.将2片袋身的反面相对，一边看着袋身的正面，一边挑起最终行的每个半针，用引拔针接合
3.开口处按编织花样环形编织
4.用罗纹绳的编织方法编织90针做成绳子，继续编织枣形针。穿入穿绳位置后做成束口绳

袋身a、b配色

	袋身a	袋身b
□	水蓝色	
□	白色	
▨	黑色	
▨	原白色	

※袋身a的编织方法参考p.76的作品32

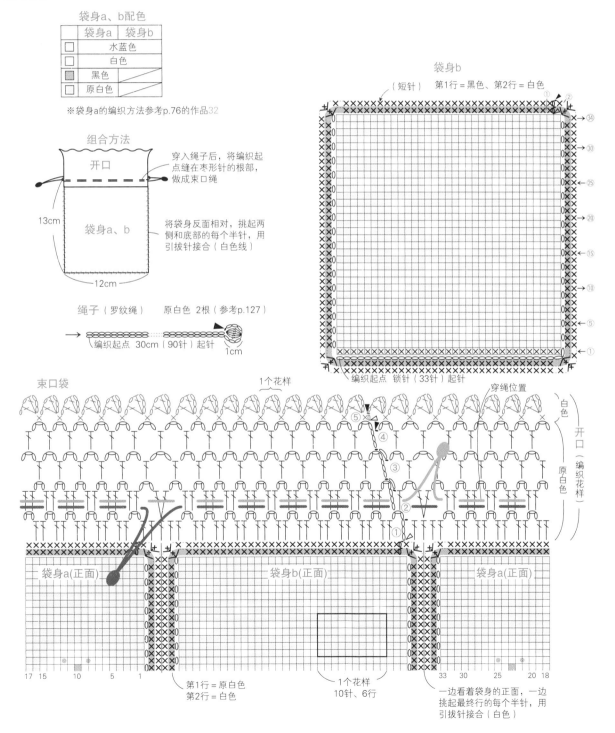

组合方法

开口

穿入绳子后，将编织起点缝在枣形针的根部，做成束口绳

13cm

袋身a、b

将袋身反面相对，挑起两侧和底部的每个半针，用引拔针接合（白色线）

12cm

绳子（罗纹绳）　原白色　2根（参考p.127）

编织起点　30cm（90针）起针　1cm

袋身b

（短针）　第1行 = 黑色、第2行 = 白色

编织起点　锁针（33针）起针

束口袋

1个花样

穿绳位置

白色

开口（编织花样）

原白色

袋身a(正面)

袋身b(正面)

袋身a(正面)

17 15　10　5　1

第1行 = 原白色
第2行 = 白色

1个花样
10针、6行

33 30　25　20 18

一边看着袋身的正面，一边挑起最终行的每个半针，用引拔针接合（白色）

34

尺寸 10cm × 10cm
图片 p.19

线　Puppy　Puppy New 4PLY/灰蓝色
（404）…6g、原白色（403）…3g
针　3/0号钩针

☐、⬭ =灰蓝色

☐ =原白色

边缘编织 = 灰蓝色

※第1行需在锁针的里山挑针

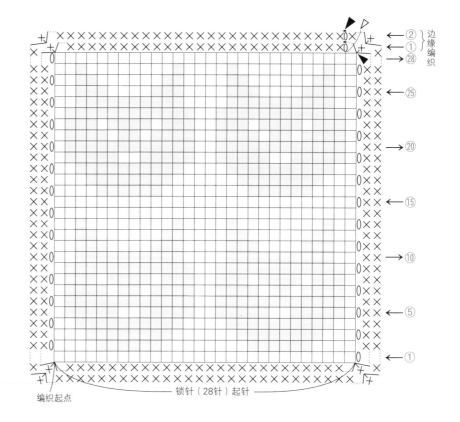

35

尺寸 10cm × 10cm
图片 p.19

线　Puppy　Puppy New 4PLY/褐色（419）…
7g、浅粉色（412）…4g
针　3/0号钩针

☐、⬭ =褐色

☐ =浅粉色

边缘编织 = 褐色

※第1行需在锁针的里山挑针

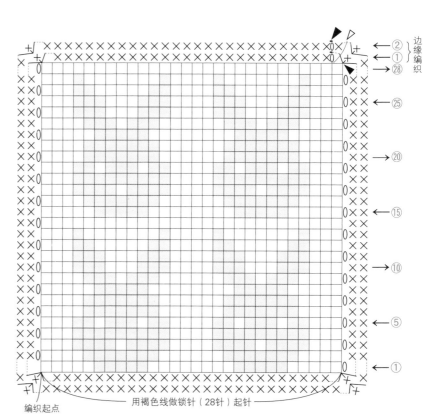

尺寸 10cm × 10cm
图片 p.20

线 Hamanaka 纯毛中细/米白色（1）…
4g，绿色（24）、黑色（30）…各2g
针 3/0号钩针

⬜、◯ = 米白色

⬜ = 黑色

边缘编织 = 绿色

※第1行需在锁针的里山挑针

尺寸 10cm × 10cm
图片 p.20

线 Hamanaka 纯毛中细/灰色（28）…
4g、暗灰色（27）…3g、黄绿色（22）2g
针 3/0号钩针

⬜、◯ = 暗灰色

⬜ = 灰色

边缘编织 = 黄绿色

※第1行需在锁针的里山挑针

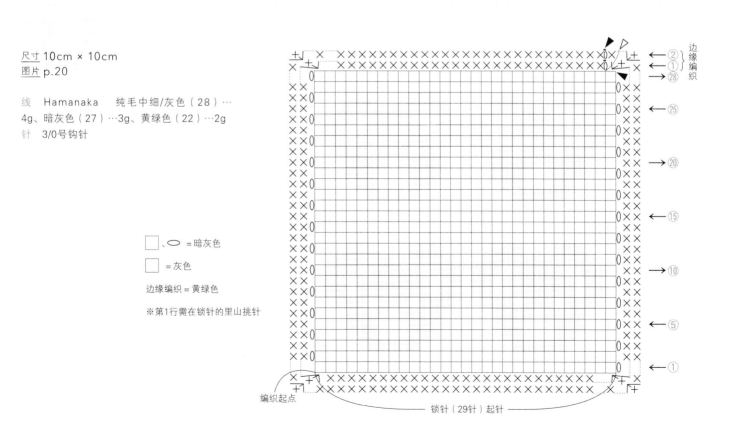

38

尺寸 15cm × 15cm
图片 p.21

线　Rich More　Percent/白色（1）…9g、
黄色（5）…5g、蓝绿色（35）…3g
针　4/0号钩针

□、⬭ = 白色

□ = 黄色

边缘编织 = 蓝绿色

※第1行需在锁针的里山挑针

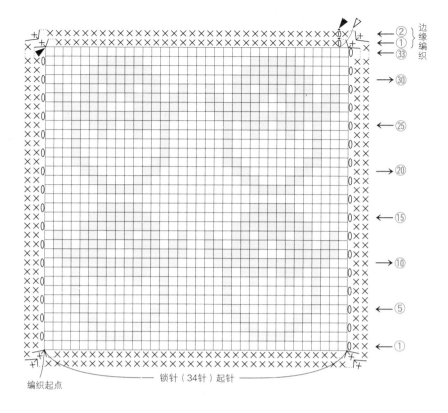

编织起点　　锁针（34针）起针

39

尺寸 15cm × 15cm
图片 p.21

线　Rich More　Percent/米色（83）、褐色
（125）…各8g，橙色（86）…4g
针　4/0号钩针

□、⬭ = 米色

□ = 褐色

边缘编织 = 橙色

※第1行需在锁针的里山挑针

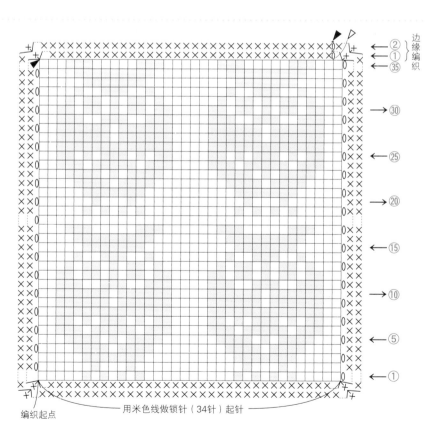

编织起点　　用米色线做锁针（34针）起针

尺寸 15cm × 15cm
图片 p.22

线　Olympus　粗毛线/原白色…26g
针　5/0号钩针

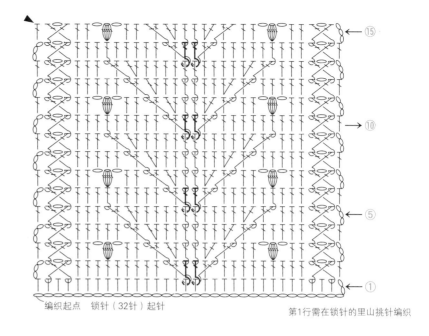

编织起点　锁针（32针）起针

第1行需在锁针的里山挑针编织

⑮

⑩

⑤

①

尺寸 20cm × 20cm
图片 p.22

线　Olympus　Milky Baby/原白色
（9）…40g
针　5/0号钩针

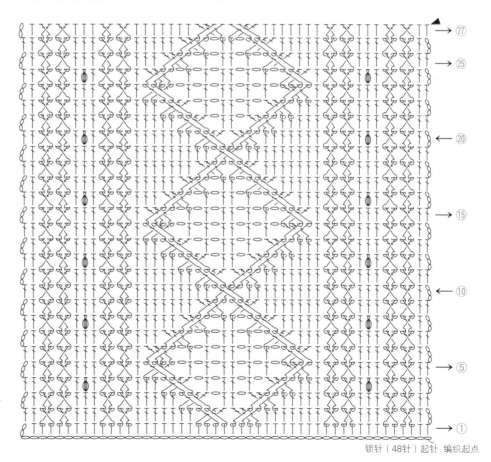

= 5针中长针的变形的枣形针
（参考p.126）

锁针（48针）起针 编织起点

㉗

㉕

⑳

⑮

⑩

⑤

①

42

尺寸 20cm × 20cm
图片 p.23 重点教程 p.54、121

线 Rich More　Percent/原白色（1）…36g
针 5/0号钩针

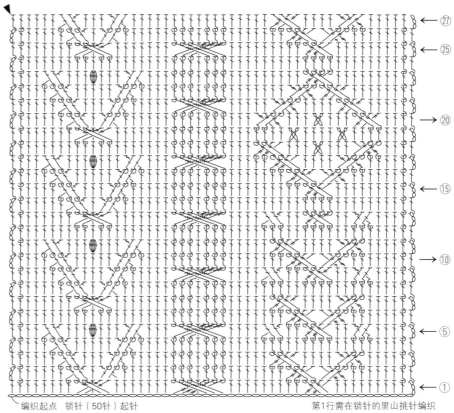

编织起点　锁针（50针）起针　　　　　　　　　　第1行需在锁针的里山挑针编织

← ㉗
← ㉕
→ ⑳
← ⑮
→ ⑩
← ⑤
← ①

43

尺寸 20cm × 20cm
图片 p.23 重点教程 p.121

线 Rich More　Percent/原白色（1）
…30g
针 5/0号钩针

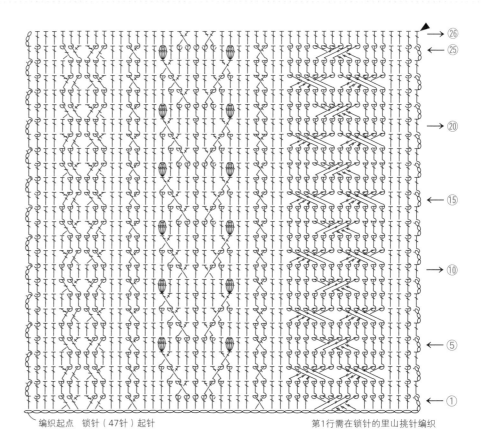

编织起点　锁针（47针）起针　　　　　　　　　　第1行需在锁针的里山挑针编织

→ ㉖
← ㉕
→ ⑳
← ⑮
→ ⑩
← ⑤
← ①

尺寸 30cm × 2cm
图片 p.24

线　Rich More　Percent/
原白色（1）…5g
针　5/0号钩针

尺寸 30cm × 3cm
图片 p.24

线　Rich More　Percent/原白色（1）…9g
针　5/0号钩针

尺寸 30cm × 7cm
图片 p.24

线　Rich More　Percent/原白色（1）…19g
针　5/0号钩针

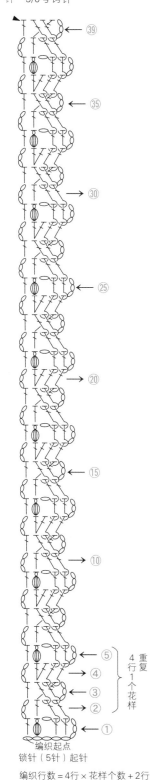

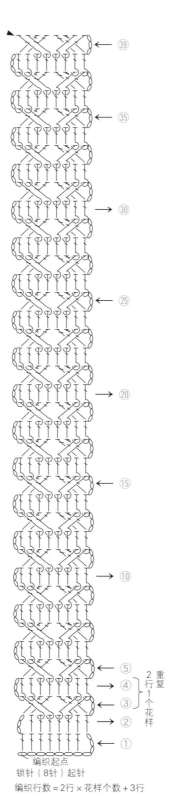

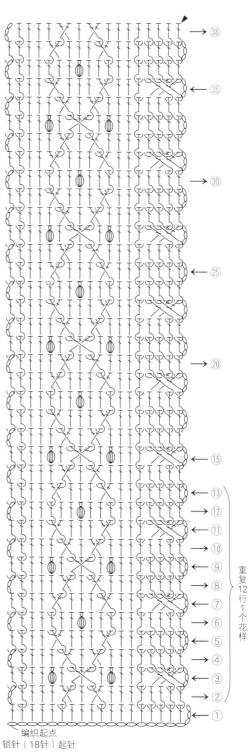

编织起点
锁针（5针）起针

编织行数 = 4行 × 花样个数 + 2行

编织起点
锁针（8针）起针

编织行数 = 2行 × 花样个数 + 3行

编织起点
锁针（18针）起针

编织行数 = 12行 × 花样个数 + 2行

47

尺寸 20cm × 20cm
图片 p.25

线 Hamanaka Flax K/原白色（11）…40g
针 5/0号钩针

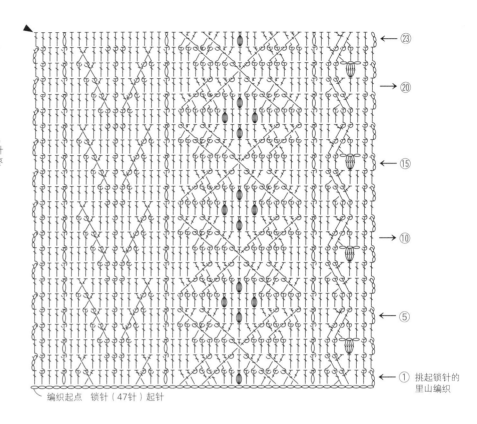

= 在要编织的位置，
用引拔针编织2针
中长针的变形的枣
形针

← ㉓
← ⑳
← ⑮
← ⑩
← ⑤
← ① 挑起锁针的
里山编织

编织起点 锁针（47针）起针

48

尺寸 20cm × 20cm
图片 p.25

线 Hamanaka Flax K/原白色（11）…42g
针 5/0号钩针

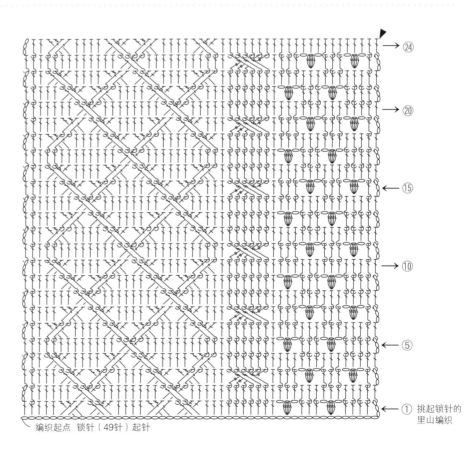

← ㉔
← ⑳
← ⑮
← ⑩
← ⑤
← ① 挑起锁针的
里山编织

编织起点 锁针（49针）起针

49

尺寸 13cm × 13cm
图片 p.26

线　Daruma　Merino Style 中粗/原白色（1）…25g
针　6/0号钩针

= 4针长针的枣形针的正拉针

※挑起前一行长针的根部，编
织4针长针的枣形针

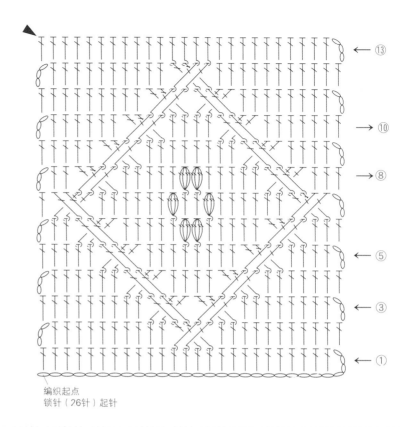

← ⑬
→ ⑩
→ ⑧
← ⑤
← ③
← ①

编织起点
锁针（26针）起针

50

尺寸 13cm × 13cm
图片 p.26

线　Daruma　Merino Style 中粗/软木棕色（4）…30g
针　6/0号钩针

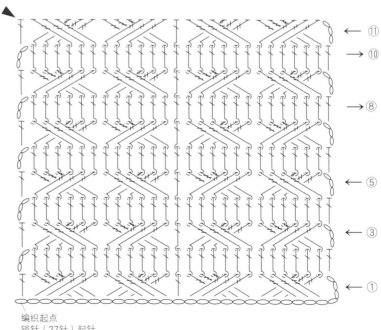

← ⑪
→ ⑩
→ ⑧
← ⑤
← ③
← ①

编织起点
锁针（27针）起针

尺寸 20cm × 10cm
图片 p.27

线 Hamanaka Amerry/
草绿色（13）…16g
针 5/0号钩针

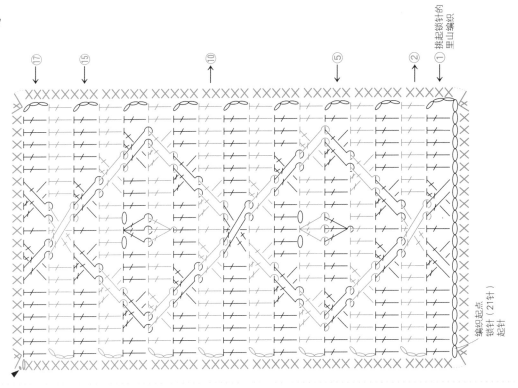

挑起锁针的
里山编织

编织起点
锁针起针（21针）
起针

尺寸 20cm × 10cm
图片 p.27 重点教程 p.122

线 Hamanaka Amerry/
燕麦色（40）…14g
针 5/0号钩针

挑起锁针的
里山编织

编织起点
锁针起针（21针）
起针

尺寸 **12cm × 12cm**
图片 p.28

线　Hamanaka　Amerry F（粗）/灰米色
（522）…5g，万寿菊黄色（503）、森林绿
色（518）…各3g，棕色（519）…1g
针　4/0号钩针

配色

行数	颜色
第12、13行	万寿菊黄色
第7~11行	灰米色
第3~6行	森林绿色
第1、2行	棕色

编织方法
※按照 ❶~❷ 的顺序看着编织图编织
第5行…第4行的被挑针目是锁针环时，需成束挑起编织
第6行…第5行的被挑针目是锁针时，需成束挑起编织
第7行…第6行的被挑针目是锁针时，需成束挑起编织
第8行…第7行的被挑针目是锁针时，需成束挑起编织
第12行…成束挑起第2行的锁针编织
第13行…第12行的被挑针目是锁针时，需成束挑起编织
※全部编织好后，用蒸汽熨斗调整形状

 ＝3针中长针的
变形的枣形针
（参考p.126）

❷ 花瓣
第12、13行

后接第12行

❶ 底座
第1~11行

54

尺寸 12cm × 12cm
图片 p.28

线 Hamanaka Amerry F（粗）/薄荷绿色
（517）…6g、粉色（505）…4g
针 4/0号钩针

配色

行数	颜色
第11～13行	粉色
第4～10行	薄荷绿色
第1～3行	粉色

编织方法
※按照 ❶～❷ 的顺序看着编织图编织
第5～7行…前一行的被挑针目是锁针时，需成束挑起编织
第11行…成束挑起第1行的锁针编织
第12行…成束挑起第2行的锁针编织
第13行…成束挑起第3行的锁针编织
※全部编织好后，用蒸汽熨斗调整形状

❷ 花瓣
第11～13行

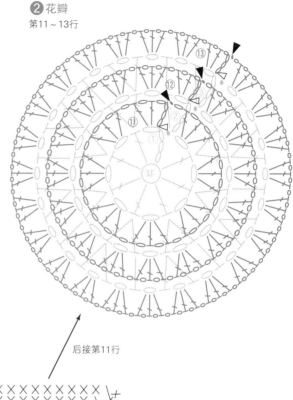

❶ 底座
第1～10行

后接第11行

55 56

尺寸 12cm × 12cm
图片 p.29 重点教程 p.54

线

55 Hamanaka Exceed Wool FL（粗）/原白
色（701）…8g，米色（731）、黄绿色
（746）…各4g，薄荷绿色（※）…3g

56 Hamanaka Exceed Wool FL（粗）/艳粉
色（714）…8g，薄荷绿色（※）、黄绿色
（746）…各4g，浅粉色（733）…3g

※ = 因为是废号色，所以选用喜欢的线替代
即可

针 3/0号钩针

✗ = 短针的正拉针（参考p.126）

叶子 黄绿色 各4片

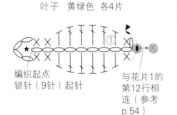

编织起点
锁针（9针）起针

与花片1的
第12行相
连（参考
p.54）

连接叶子位置

花片1
第1~18行

编织方法

※ 分别参考配色表编织花片 1
※ 第3、5、7、9行最后的引拔针（●）需参考 p.52"挑起针目后侧根部的方法"，按相同的要领，挑起针目后侧的根部编织
第3 行…第2 行的被挑针目是锁针时，需成束挑起编织
第4 行…将织片倒向前面，挑起第 1 行的短针编织
第5 行…第 4 行的被挑针目是锁针时，需成束挑起编织
第6 行…将织片倒向前面，挑起第 2 行的短针编织
第7 行…第 6 行的被挑针目是锁针时，需成束挑起编织
第8 行…将织片倒向前面，挑起第 4 行的短针编织
第9 行…第 8 行的被挑针目是锁针时，需成束挑起编织
第10 行…将织片倒向前面，挑起第 6 行和第 8 行长针的正拉针的根部编织
第11 行…第 10 行的被挑针目是锁针时，需成束挑起编织
第12 行…将织片倒向前面，挑起第 10 行长针的正拉针的根部编织
　　　　✗需在前 1 个短针（锁针环之前）上编织
第14 行…✗需将前一行和第 11 行一起挑起编织

第13 ~ 15 行…成束挑起前一行的锁针编织
※ 编织至第15行后，将线休线备用，参考叶子的编织图，编织 4 片叶子。这时，需一边将叶子连接在第 12 行的指定位置（✗），一边编织（叶子和花片 1 的连接方法参考p.54）
第16 行…挑起第 15 行的针目与针目之间编织。编织转角的 2 针短针（★）时，需将叶子和花片
　　　　1 第 15 行的锁针环一起挑起编织
第17 行…成束挑起前一行的锁针编织
※ 全部编织好后，用蒸汽熨斗调整形状（参考 p.54）

花片1配色

作品 行数	55	56
第18行	薄荷绿色	浅粉色
第17行	原白色	艳粉色
第16行	黄绿色	黄绿色
第15行	米色	薄荷绿色
第14行	薄荷绿色	浅粉色
第12、13行	米色	薄荷绿色
第1~11行	原白色	艳粉色

57、58

尺寸 15cm × 15cm
图片 p.30

线

57　Rich More　中细毛线/白色…10g，黄绿色、绿色…各4g，浅黄色…1g，黄色……少量

58　Rich More　中细毛线/浅粉色…10g，薄荷绿色、蓝绿色…各4g，白色…1g，浅黄色……少量

针　4/0号钩针

叶子　4片

● = 在主体第20行的短针的头部入针，一边用引拔针接缝一边编织

❶主体
第1~12行

❷主体
第13~20行

后接第13行

后接第21行

配色

行数	作品	57	58
叶子		黄绿色	薄荷绿色
第23、24行		黄绿色	薄荷绿色
第21、22行		绿色	蓝绿色
第5~20行		白色	浅粉色
第3、4行		浅黄色	白色
第1、2行		黄色	浅黄色

❸主体　第21~24行

编织方法

※按照 ❶ ~ ❸ 的顺序看着编织图编织

第2行…挑起第1行短针头部的前面半针编织
第3行…将第2行倒向前面，挑起第1行短针头部剩余的后面半针编织
第4行…挑起第3行短针头部的前面半针编织
第5行…将第4行倒向前面，挑起第3行短针头部剩余的后面半针编织
第6行…挑起第5行短针头部的前面半针编织
第8行…将第7行的花瓣倒向前面，挑起第5行短针头部剩余的后面半针编织
第9行…挑起第8行短针头部的前面半针编织
第11行…将第10行的花瓣倒向前面，挑起第8行短针头部剩余的后面半针编织
第12行…前一行的被挑针目是锁针时，需成束挑起编织
第13行…挑起第12行短针头部的前面半针编织
第15行…将第14行的花瓣倒向前面，挑起第12行短针头部剩余的后面半针编织
第16行…挑起第15行短针头部的前面半针编织
第17行…将第16行的花瓣倒向前面，挑起第15行短针头部剩余的后面半针编织
第18行…前一行的被挑针目是锁针时，需成束挑起编织
※ 编织至第20行。参考叶子的编织图编织叶子，分别在指定的位置用引拔针将其连接在主体上
第21、23行…前一行的被挑针目是锁针时，需成束挑起编织
第22行…成束挑起前一行的锁针编织
※ 全部编织好后，用蒸汽熨斗调整形状

尺寸 10cm × 10cm
图片 p.31

② 主体
第12、13行

① 主体
第1~11行

线 Daruma Iroiro/米白色（1）…4g、橘黄色
（35）…3g、新茶色（27）…2g、柠檬黄色
（31）……1g
针 5/0号钩针

配色

行数	颜色
——（第13行）	柠檬黄色
——（第12行）	橘黄色
——（第7~11行）	米白色
——（第6行）	新茶色
——（第5行）	橘黄色
——（第3、4行）	新茶色
——（第1、2行）	柠檬黄色

花芯 新茶色

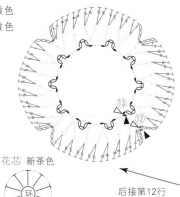

后接第12行

编织方法
※按照 ❶～❷ 的顺序看着主体的编织图编织
※编织主体前，先编织花芯
第3行…成束挑起前一行的锁针编织
第4行…将第3行放在前面，将第3行短针头部的前面半针和花芯第1行重叠，
将2片一起挑起编织
第5行…挑起第4行短针头部的后面半针编织
第6行…挑起第5行长针头部的后面半针编织短针
第8行…前一行的被挑针目是锁针时，需成束挑起编织
第12行…挑起第5行长针头部剩余的前面半针编织
第13行…挑起第4行短针头部剩余的前面半针编织
※全部编织好后，用蒸汽熨斗调整形状

尺寸 10cm × 10cm
图片 p.31 重点教程 p.55

线 Daruma Iroiro/肉豆蔻色（7）…5g，苔藓绿色
（24）…2g，米白色（1）、藏青色（12）…各
1g，柠檬黄色（31）、黑色（47）……各少量
针 5/0号钩针

① 主体
第1~8行 花朵

② 主体
第1~16行底座

※按照 ❶～❷ 的顺序看着
主体的编织图编织

底座的配色

行数	颜色
——（第12~16行）	肉豆蔻色
——（第9~11行）	苔藓绿色

花朵的配色

行数	颜色
┄┄┄	藏青色
——	米白色
——	黑色
——	柠檬黄色

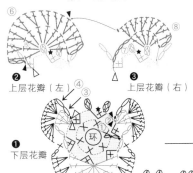

上层花瓣（左） 上层花瓣（右）

❷ ❸

❶ 下层花瓣

 = ×

后接第9行

主体（花朵）的编织方法
※按照 ❶→❷→❸ 的顺序编织（参考p.55）
第3行…挑起第2行短针头部的前面半针编织
※上层花瓣（左、右）参考p.55编织

主体（底座）的编织方法
第9行…将花朵倒向前面，挑起花朵的第2行短针头部剩余的后面半针编织
第10行…成束挑起前一行的锁针编织
第11行…前一行的被挑针目是锁针时，需成束挑起编织
第12行…条纹针需挑起前一行短针头部的后面半针编织
※全部编织好后，用蒸汽熨斗调整形状

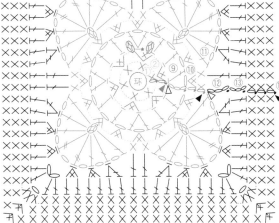

= ××

61、62

尺寸 15cm × 15cm
图片 p.32

线

61 Diamond Diagold（中细）/黄绿色
（381）…11g，红色（605）…6g，苔藓绿色
…（266）…5g，白色（1036）、葡萄紫色
（348）…各1g，藏青色（1148）…少量

62 Diamond毛线 Diagold（中细）/银灰色
（101）…11g，紫色（299）…6g，蓝绿色
（371）…5g，白色（1036）、烟紫色
（177）…各1g，黑色（13）…少量

针 4/0号钩针

主体的编织方法
第4～10行…前一行的被挑针目是锁针时，需成束挑起编织

花朵的编织方法
第2行…挑起第1行短针头部的后面半针编织
第3行…挑起第2行短针头部的前面半针编织
第4行…将第3行倒向前面，挑起第2行短针头部剩余的后面半针编织
第5行…挑起第4行短针头部的前面半针编织
第6行…将第5行倒向前面，挑起第4行短针头部剩余的后面半针编织
第7行…挑起第6行短针头部的前面半针编织
第8行…前一行的被挑针目是锁针时，需成束挑起编织
第10行…将花瓣倒向前面，挑起第6行短针头部剩余的后面半针编织
第11行…前一行的被挑针目是锁针时，需成束挑起编织
※编织至第12行。参考编织图编织大叶子、小叶子，分别在指定的位置将其用引拔针连接在花朵上
※花朵需缝合在主体的中心
※全部编织好后，用蒸汽熨斗调整形状

主体

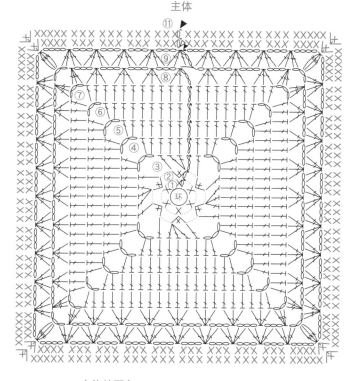

主体的配色

行数	作品	61	62
——（第10、11行）		苔藓绿色	蓝绿色
——（第1～9行）		黄绿色	银灰色

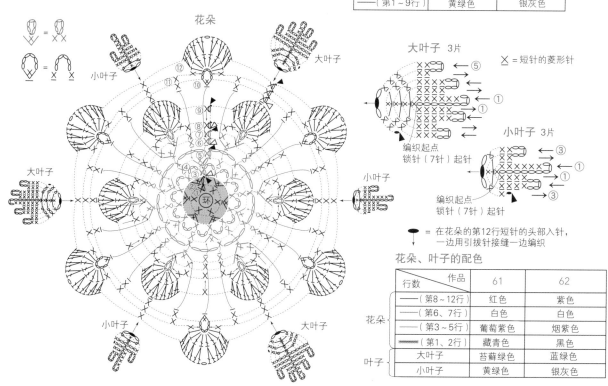

花朵

大叶子 3片

小叶子 3片

✕ = 短针的菱形针

编织起点
锁针（7针）起针

= 在花朵的第12行短针的头部入针，一边用引拔针接缝一边编织

花朵、叶子的配色

	行数	作品	61	62
花朵	——（第8～12行）		红色	紫色
	——（第6、7行）		白色	白色
	——（第3～5行）		葡萄紫色	烟紫色
	——（第1、2行）		藏青色	黑色
叶子	大叶子		苔藓绿色	蓝绿色
	小叶子		黄绿色	银灰色

尺寸 15cm ×15cm
图片 p.33 重点教程 p.56

线

63 Diamond Diagold（中细）/浅白色
（1222）…9g、红色（605）…8g、紫色
（299）…3g、绿色（※）…2g

64 Diamond Diagold（中细）/水蓝色（※）
…9g、粉色（336）…8g、松石蓝色（375）
…3g、黄绿色（381）…2g

※ = 因为是废号色，所以选用喜欢的线替代即
可

针 3/0号钩针

配色

行数	作品	63	64
——（第21、22行）		紫色	松石蓝色
——（第17～20行）		浅白色	水蓝色
——（第16行）		绿色	黄绿色
——（第1～15行）		红色	粉色

= 3针长针的枣形针（成束挑起编织）

= 3针中长针的枣形针（成束挑起编织）

= 长针的反拉针   = 3卷长针

65

尺寸 10cm × 10cm
图片 p.34

线　Diamond Diagold（中细）/粉色（336）…5g，松石蓝色
（375）…3g，珊瑚粉色（367）…1g，黄色（245）、奶油色
（372）…各少量
针　4/0号钩针

配色

行数	颜色
——（第6~8行）	松石蓝色
——（第4、5行）	粉色
……（第3行）	珊瑚粉色
——（第2行）	黄色
～～（第1行）	奶油色

= 5针长针的爆米花针
（成束挑起编织）

= 5针长针的爆米花针
（在针目上编织）

= 4针中长针的变形的
枣形针的条纹针

编织方法

第3行…看着织片的背面编织。挑起第2行短针头部的前面半针编织。
编织好第3行后，将织片翻至正面，继续编织第4行及以后
第4~6行…前一行的被挑针目是锁针时，需成束挑起编织
第7行…挑起前一行头部的后面半针编织
※全部编织好后，用蒸汽熨斗调整形状

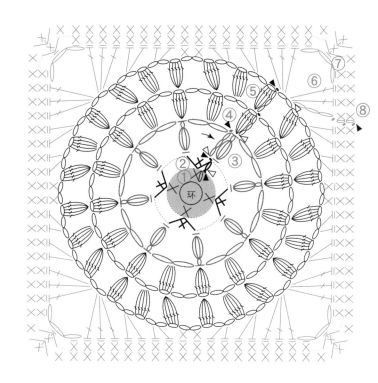

66

尺寸 10cm × 10cm
图片 p.34

线　Rich More　中细毛线/浅蓝色、蓝色…各3g，原白色、黄
色…各1g
针　4/0号钩针

配色

行数	颜色
——（第8~11行）	浅蓝色
——（第6、7行）	蓝色
第4、5行	—— = 蓝色 —— = 原白色
——（第1~3行）	黄色

= 短针的反拉针（参考 p.126）

编织方法

第2行…挑起第1行短针头部的前面半针编织
第3行…将第2行倒向前面，挑起第1行短针头部剩余的后面半针编织
第4、5行…用2种颜色的线，一边替换编织线一边编织
第8、10行…前一行的被挑针目是锁针时，需成束挑起编织
※全部编织好后，用蒸汽熨斗调整形状

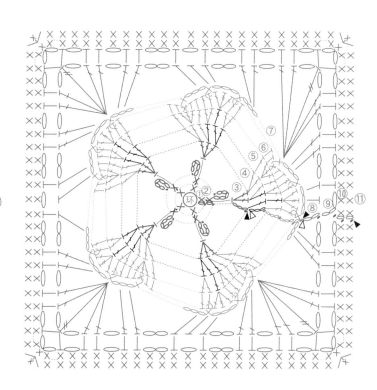

■ 雏菊笔袋

尺寸 10cm × 20cm
图片 p.5

线　Diamond Diagold（中细）/粉色（336）…
20g，松石蓝色（375）…12g，珊瑚粉色（367）
…5g，黄色（245）、奶油色（372）…各2g
其他　20cm的拉链…1条、手缝线…少量
针　4/0号钩针

编织方法
1.参考p.94的作品65，编织4片花片
2.将4片花片用卷针缝缝合成边长20cm的正方
形。对折后用卷针缝接合两条侧边
3.用半回针缝的方法将拉链缝在开口（☆、★）
处
4.编织装饰、绳子部分，然后将绳子穿入拉链的
孔中，再编织最后的引拔针

组合方法

装饰

②用半回针缝将拉链缝在开口
（☆、★）处

③将装饰的绳子穿
入拉链的孔中

绳子 ※绳子最后的引拔
（20针）针需穿过拉链的
孔后编织

①用卷针缝缝合（参考
p.127）各个花片，缝
合除开口（★、☆）外
的部分

主体

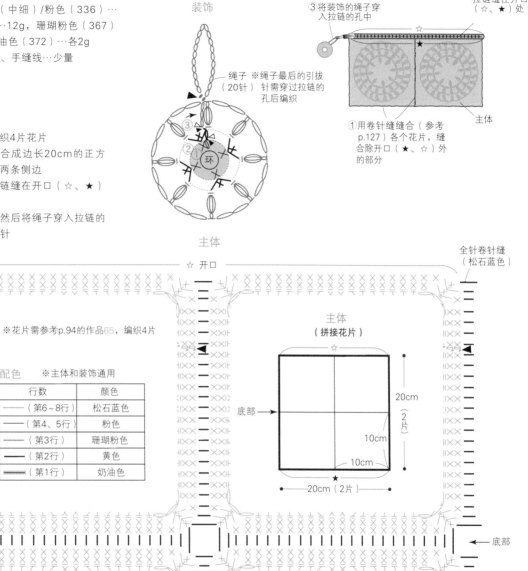

主体
（拼接花片）

※花片需参考p.94的作品65，编织4片

配色　※主体和装饰通用

行数	颜色
（第6~8行）	松石蓝色
（第4、5行）	粉色
（第3行）	珊瑚粉色
（第2行）	黄色
（第1行）	奶油色

底部

全针卷针缝
（松石蓝色）

底部

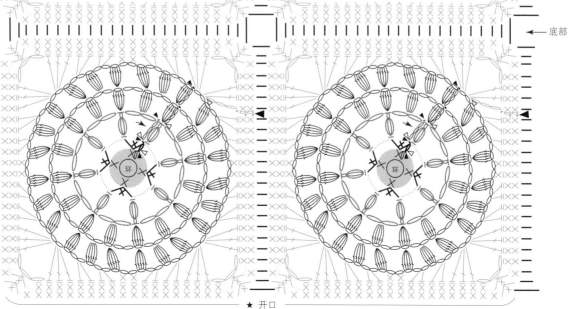

★ 开口

67

尺寸 10cm ×10cm
图片 p.35

主体的配色

行数	颜色
——（第10~15行）	红色
—— （第9行）	深黄绿色
—— （第1~8行）	浅黄色

线　Rich More　中细毛线/浅黄色…5g、红
色…4g、深黄绿色…1g
针　3/0号钩针

花芯
浅黄色　1片

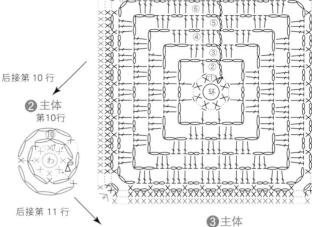

❶ 主体
第1~9行

叶子　深黄绿色　1片

编织起点
锁针（10针）起针
※叶子需缝合在主体的适当位置

后接第10行

❷ 主体
第10行

后接第11行

❸ 主体
第11~15行　※花瓣

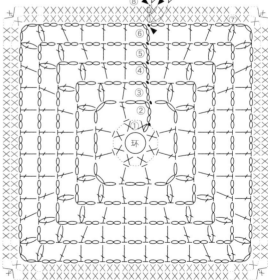

花芯的编织方法
第2行…挑起第1行短针头部的前面半针编织
第3行…将第2行倒向前面，挑起第1行短针头部
　　　剩余的后面半针编织
第4行…加新线，在第2行挑针编织
第5行…从第4行继续，在第3行挑针编织
※花芯需缝合在主体（花瓣）的中心

主体的编织方法
※按照❶~❸的顺序，看着主体的编织图编织
第2行…挑起第1行短针头部的后面半针编织
第3~8行…前一行的被挑针目是锁针时，需成束挑编织
第10行…挑起第1行短针头部剩余的前面半针编织
　　　（第2层的短针需将第1层倒向前面编织）
第11行…成束挑起前一行的锁针编织
第14、15行…前一行的被挑针目是锁针时，需成束挑起编织
※全部编织好后，用蒸汽熨斗调整形状

68

尺寸 10cm × 10cm
图片 p.35

线　Daruma Iroiro/苔藓绿色（24）…3g，米
白色（1）…2g，开心果色（28）、浆果色
（44）…各1g
针　3/0号钩针

配色

行数	颜色
——（第12、13行）	浆果色
——（第10、11行）	米白色
——（第9行）	开心果色
——（第8行）	米白色
——（第7行）	开心果色
——（第1~6行）	苔藓绿色

❷ 花朵
第9~13行

后接第9行

❶ 主体
第1~8行

编织方法
※按照❶~❷的顺序，看着编织图编织
第2行…挑起第1行短针头部的后面半针编织
第3~7行…前一行的被挑针目是锁针时，需成束挑编织
第9行…挑起第1行短针头部剩余的前面半针编织（仅第9行，将织片的背面作为正面）
第10行…将第9行的狗牙拉针倒向前面，前一行的被挑针目是锁针时，需成束挑编织
第11行…长针需在前一行的针目与针目之间挑针，中长针需成束挑起前一行的锁针编织
第12行…长针和中长针需成束挑起前一行的锁针编织。短针需一边包住第11行一边成束挑起第10行的锁针环编织
第13行…前一行的被挑针目是锁针时，需成束挑编织
※全部编织好后，用蒸汽熨斗调整形状

尺寸 15cm × 15cm
图片 p.36 重点教程 p.56

线
69 Daruma Iroiro/夜空蓝色（17）…9g，樱花色（40）…4g，柠檬黄色（31）、酸橙黄色（32）…各1g
70 Daruma Iroiro/藏青色（12）…9g，米白色（1）…4g，浅橙色（34）、橘黄色（35）…各1g
针 4/0号钩针

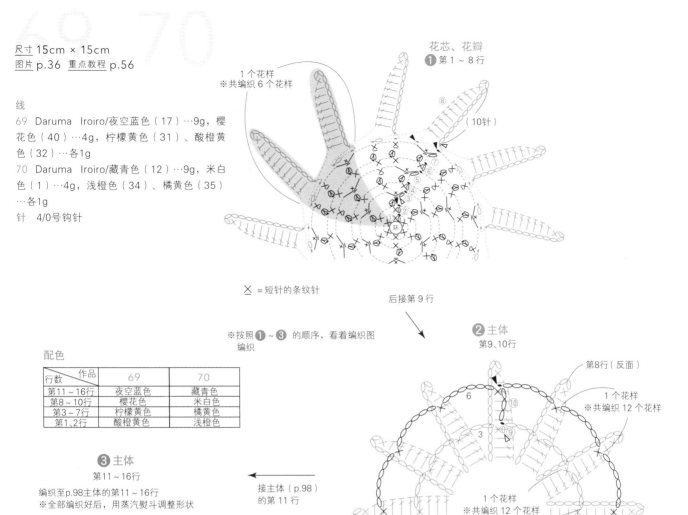

花芯、花瓣
❶ 第 1 ~ 8 行

1 个花样
※共编织 6 个花样

（ 10针 ）

⚹ =短针的条纹针

后接第 9 行

※按照 ❶ ~ ❸ 的顺序，看着编织图编织

配色

行数\作品	69	70
第11~16行	夜空蓝色	藏青色
第8~10行	樱花色	米白色
第3~7行	柠檬黄色	橘黄色
第1、2行	酸橙黄色	浅橙色

❸ 主体
第11~16行
编织至p.98主体的第11~16行
※全部编织好后，用蒸汽熨斗调整形状

接主体（p.98）
的第11行

❷ 主体
第9、10行

第8行（反面）

1 个花样
※共编织 12 个花样

1 个花样
※共编织 12 个花样

上接 p.98

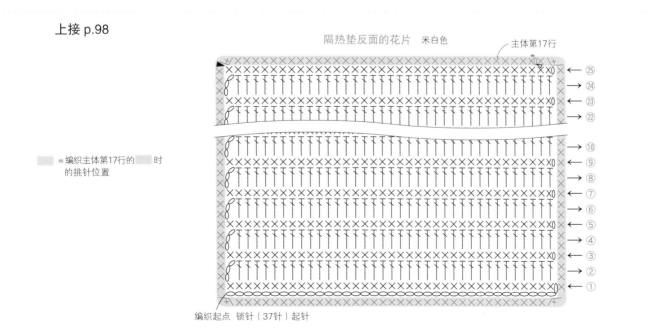

隔热垫反面的花片 米白色

主体第17行

▨ =编织主体第17行的 ▨ 时的挑针位置

编织起点 锁针（37针）起针

■ 木茼蒿隔热垫

尺寸 17cm × 17cm
图片 p.5

线　Daruma　Iroiro/米白色（1）…17g，藏青
色（12）…11g，浅橙色（34）、橘黄色
（35）…各1g
针　4/0号钩针

配色

行数	颜色
第19行	米白色
第18行	藏青色
第17行	米白色
第11~16行	藏青色
第8~10行	米白色
第3~7行	橘黄色
第1、2行	浅橙色

编织方法

1.按p.97反面的花片编织图编织至第25行

2.参考p.97的作品69、70，将木茼蒿编织至第16行，与反面的花片反面相对重叠，一边将2片一起挑针，一边编织至第17行

3.继续编织第18行和挂襻，参考"主体的编织方法"编织第19行

主体的编织方法

第11行…参考p.56编织

第13~15行…前一行的被挑针目是锁针时，需成束挑起编织

第17行…将主体正面和反面的花片反面相对重叠，2片一起挑针编织

第18行…编织至第17行后，将米白色的线休线线备用，在指定位置加入藏青色的线，编织第18行。第18行全部编织好后，继续编织挂襻。将12针锁针引拔成环形，成束挑起这个环，编织20针短针

第19行…用休线备用的米白色的线编织。将第18行的锁针环（　　）倒向前面，将（　　）以外的锁针环倒向后面，如此一边将第18行的锁针环前后交错放倒，一边编织短针

主体（正面）

＝3卷长针　　　　休线备用　　挂襻

※第1~10行需参考
p.97作品69、70
的第1~10行编织

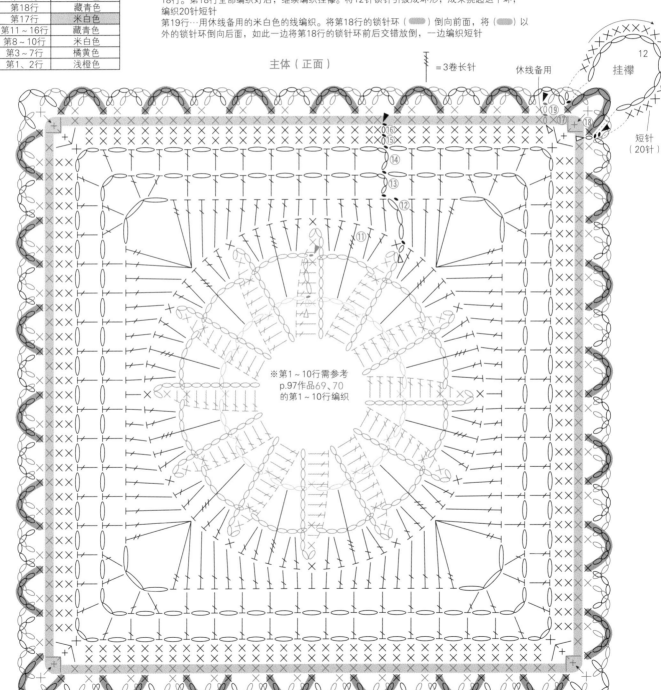

12

短针
（20针）

下转 p.96

尺寸 直径 10cm
图片 p.37 重点教程 p.58

线
71 Rich More Percent/白色（1）…5g，红色（73）…1.5g，绿色（13）、粉色（72）…各1g
72 Rich More Percent/紫红色（64）…2.5g，深绿色（29）、绿色（32）、红色（75）…各1.5g
针 4/0号钩针

71 编织方法
第3~6行…挑起前一行的锁针的网眼编织时，需成束挑起编织
※全部编织好后，用蒸汽熨斗调整形状

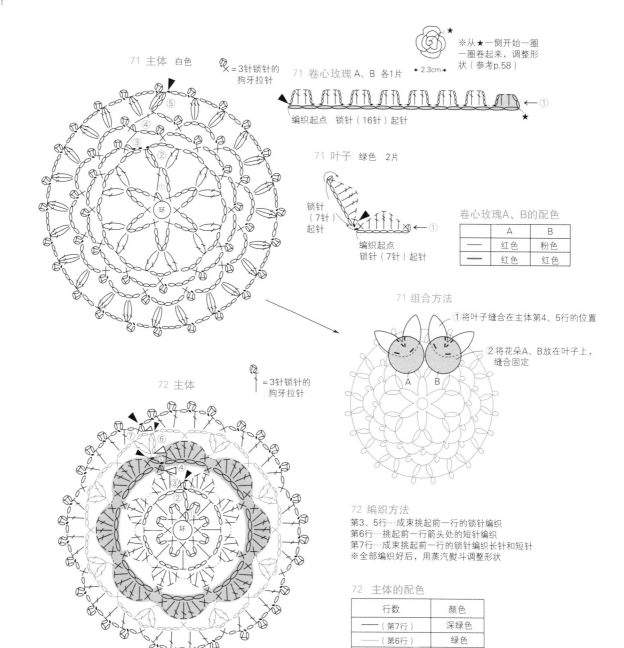

71 主体 白色

= 3针锁针的狗牙拉针

71 卷心玫瑰A、B 各1片
※从★一侧开始一圈一圈卷起来，调整形状（参考p.58）
◀─2.3cm─▶
编织起点 锁针（16针）起针

71 叶子 绿色 2片
锁针（7针）起针
编织起点
锁针（7针）起针

卷心玫瑰A、B的配色

	A	B
——	红色	粉色
══	红色	红色

71 组合方法
①将叶子缝合在主体第4、5行的位置
②将花朵A、B放在叶子上，缝合固定

72 主体

= 3针锁针的狗牙拉针

72 编织方法
第3、5行…成束挑起前一行的锁针编织
第6行…挑起前一行箭头处的短针编织
第7行…成束挑起前一行的锁针编织长针和短针
※全部编织好后，用蒸汽熨斗调整形状

72 主体的配色

行数	颜色
——（第7行）	深绿色
——（第6行）	绿色
══（第4、5行）	紫红色
——（第1~3行）	红色

73

尺寸 15cm × 15cm
图片 p.37 重点教程 p.58

线 Rich More Percent/米色（123）…11g，紫红色（64）、红色（74）…各4g，绿色（13）…3g

针 4/0号钩针

ↆ =短针的反拉针（因为是看着反面编织的，所以实际编织短针的正拉针ↄ）

⑂ =3针中长针的变形的枣形针

⤬ =短针1针放3针

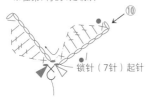

第10行的叶子 绿色
※在第7行的4处编织

⑩
锁针（7针）起针
第7行的短针的反拉针
（将2片叶子连接在ↄ的头部）

● =第11行的⤬挑针位置

编织方法

第1行…变形的中长针的枣形针需成束挑起针编织
第2行…成束挑起前一行的锁针编织
第3～7行…将前一行倒向前面，编织短针的拉针。其他针目需成束挑起锁针编织
第8行…需成束挑起前一行的锁针编织长针
第9行…成束挑起前一行的锁针，编织长针、长长针
第10行…分别在第7行的4处加线，编织叶子
第11行…在叶子的短针的头部（●）和前一行的锁针成束挑针，编织短针。其他针法如图所示编织
第12～15行…长针和短针需成束挑起前一行的锁针编织
※全部编织好后，用蒸汽熨斗调整形状

配色

行数	颜色
第15、16行	米色
第14行	红色
第12、13行	米色
第10、11行	绿色
第7～9行	米色
第5、6行	紫红色
第3、4行	红色
第2行	紫红色
第1行	米色

■ 爱尔兰玫瑰束口袋

尺寸 21cm × 15cm
图片 p.5

线 Rich More Percent/米色（123）…
36g、红色（74）…9g、紫红色（64）…8g、
绿色（13）…6g
针 4/0号钩针

编织方法
1.参考p.100的作品73，编织2片
2.将2片织片反面相对重叠，卷针缝缝合底部和侧面的3条边
3.在主体的指定位置加线，如图所示，在开口处环形编织10行3针锁针的网眼针
4.编织2根绳子和2个编织球，将绳子穿入主体，将编织球缝在绳子的顶端，完成

开口的配色

行数	颜色
第10行	红色
第1~9行	米色

—— = 红色
—— = 米色

开口　 =3针锁针的狗牙拉针

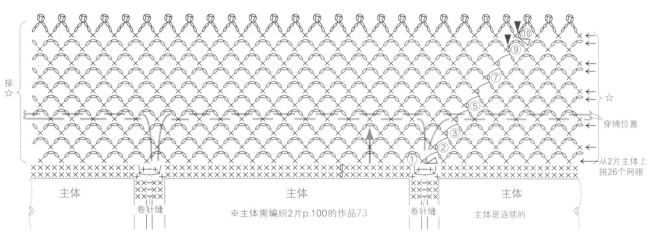

接
☆

穿绳位置
☆
从2片主体上
挑26个网眼

主体　　　　　主体　　　　　主体
卷针缝　　　　　　　　　　　　卷针缝
※主体需编织2片p.100的作品73　　　　主体是连续的

编织球
米色　2个

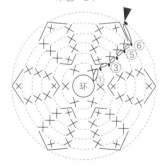

在里面放入相同的
线，调整形状后拉
紧（参考p.58）

编织球的针数

行数	针数	加减针
第6行	6	−6
第3~5行	12	
第2行	12	+6
第1行	6	

绳子 米色　2根

※绳子需用编织罗纹绳
的方法编织46cm（145
针）（参考p.127）

组合方法

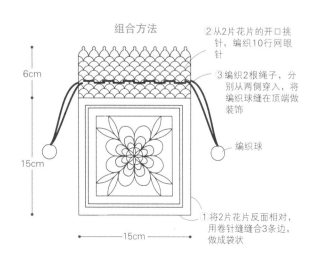

6cm

15cm

15cm

②从2片花片的开口挑
针，编织10行网眼
针

③编织2根绳子，分
别从两侧穿入，将
编织球缝在顶端做
装饰

编织球

①将2片花片反面相对，
用卷针缝缝合3条边，
做成袋状

74

尺寸 12cm × 12cm
图片 p.38

线 Hamanaka Amerry F（粗）/深红色
（508）、森林绿色（518）…各5g，灰米色
（522）…3g，薄荷绿色（517）…2g，燕麦
色（521）…1g
其他 Hamanaka 缝制式半球形玩偶眼睛/5mm
（H220-605-1）…1组
针 4/0号钩针

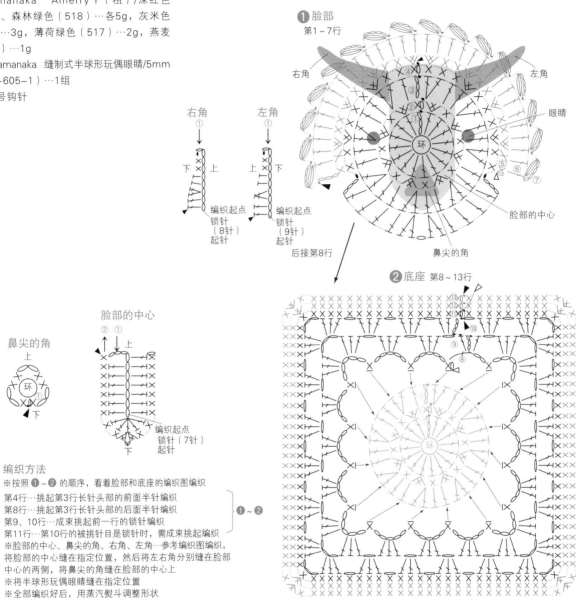

❶ 脸部
第1～7行

右角 左角 眼睛

右角 左角
① ①

下 上 上 下

编织起点 编织起点
锁针 锁针
（8针） （9针）
起针 起针

后接第8行

脸部的中心

鼻尖的角

❷ 底座 第8～13行

脸部的中心
② ①
上 上

鼻尖的角
上

环

下

编织起点
锁针（7针）
起针
下

编织方法
※按照 ❶～❷ 的顺序，看着脸部和底座的编织图编织
第4行…挑起第3行长针头部的前面半针编织
第8行…挑起第3行长针头部的后面半针编织
第9、10行…成束挑起前一行的锁针编织
第11行…第10行的被挑针目是锁针时，需成束挑起编织
※脸部的中心、鼻尖的角、右角、左角，参考编织图编织，
将脸部的中心缝在指定位置，然后将左右角分别缝在脸部
中心的两侧，将鼻尖的角缝在脸部的中心上
※将半球形玩偶眼睛缝在指定位置
※全部编织好后，用蒸汽熨斗调整形状

❶～❷

脸部、底座配色

行数	颜色
第12、13行	灰米色
第8～11行	深红色
第5～7行	森林绿色
第1～4行	薄荷绿色

鼻尖的角、左角、右角、脸部的中心配色

鼻尖的角、左角、右角	燕麦色
脸部的中心	森林绿色

75

尺寸 12cm × 12cm
图片 p.38

线 Hamanaka Amerry F（粗）/浅蓝色
（512）、蓝紫色（513）、黑色（524）…各
3g，天然白色（501）…2g，万寿菊黄色
（503）…1g
其他 Hamanaka 缝制式半球形玩偶眼睛/5mm
（H220-605-1）…1组
针 4/0号钩针

喙
万寿菊黄色
上
下

翅膀
黑色 2片

※将2个★的部分对齐，分别将
长针的头部用卷针缝缝合在一起

脚
万寿菊黄色 2片
缝合位置
编织起点
锁针（2
针）起针
编织短针3针并1针
时需令短针的根部
等长
上

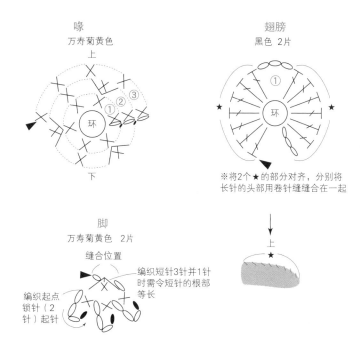

编织花样
※底座
第1～5行…往返编织
第7行…成束挑起第6行的锁针编织
第8行…成束挑起前一行编织
第9行…第8行的被挑针目是锁针时，需成束挑起编织
※喙、翅膀、脚…参考编织图，分别编织所需个数
※喙、翅膀、脚需缝在底座的指定位置
※将半球形玩偶眼睛缝在指定位置
※全部编织好后，用蒸汽熨斗调整形状

底座配色

行数	颜色
第9、10行	蓝紫色
第6～8行	浅蓝色
第4、5行	黑色
第1～3行	天然白色

底座 第1～10行

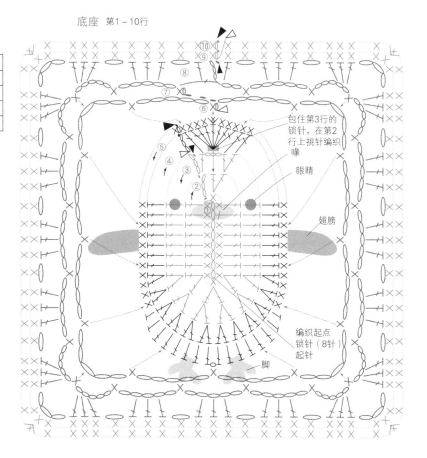

包住第3行的
锁针，在第2
行上挑针编织
喙
眼睛
翅膀
编织起点
锁针（8针）
起针
脚

尺寸 10cm × 10cm
图片 p.39

线 Hamanaka Exceed Wool FL（粗）/浅灰色（※）…4g，松石蓝色（725）、黄色（743）…各3g，原白色（※）2g，黑色（730）…1g，红色（710）…少量
其他 Hamanaka 缝制式半球形玩偶眼睛/6mm（H220-606-1）…1组、蓬松棉…少量
※=因为是废号色，所以选用喜欢的线替代即可
针 5/0号钩针

编织方法
※按照 ❶~❸ 的顺序，看着底座和左右耳的编织图编织
第4行…在指定的位置加线，挑起第3行头部的后面半针编织。第3行是锁针时，需成束挑起编织
第5行…第3行的挑针部分，需挑起头部的后面半针编织。挑针部分是锁针时，需成束挑起编织
第6行…第5行的被挑针目是锁针时，需成束挑起编织
第8行（耳朵）…挑起第3行针目头部的前面半针编织
※唇周、前足、舌头、鼻子、眼周…参考编织图，分别编织所需片数
※将舌头缝在唇周下侧的反面。将它放在底座上，中间塞入薄薄的蓬松棉后缝合。缝合时需注意唇周的 ╳ 不要影响正面
※在唇周的上方缝上鼻子。眼周需缝在底座上，然后缝上半球形玩偶眼睛
※前足需将反面作为正面，缝在底座上。用直线绣（参考p.127）绣出爪子和眉毛
※全部编织好后，用蒸汽熨斗调整形状

前足
原白色 2片
编织起点
锁针（3针）起针
将反面作为正面使用

底座、左右耳的配色

行数	颜色
第8~13行	浅灰色
第6、7行	黄色
第4、5行	浅灰色
第1~3行	浅灰色

唇周
原白色
编织起点 锁针（9针）起针
②
连接舌头位置（反面）

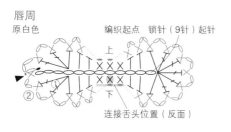

舌头 红色
上
下
编织起点
锁针（2针）起针

鼻子 黑色
上
环
①
下

眼周 黑色 2片
上
环 ①
下

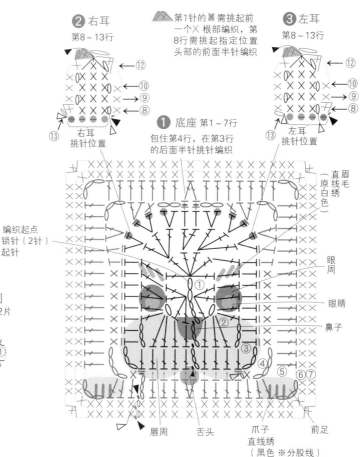

❷ 右耳
第8~13行
⑫
⑩
⑨
⑧
⑬ 右耳挑针位置

第1针的 ╳ 需挑起前一个 ╳ 根部编织，第8行需挑起指定位置头部的前面半针编织

❸ 左耳
第8~13行
⑫
⑩
⑨
⑧
⑬ 左耳挑针位置

❶ 底座 第1~7行
包住第4行，在第3行的后面半针挑针编织

编织起点
锁针（2针）起针
①
②
③
④
⑤ ⑥⑦

唇周　舌头　爪子 直线绣（黑色 ※分股线）　前足

直眉毛线绣（原白色）
眼周
眼睛
鼻子

尺寸 10cm × 10cm
图片 p.39

线 Hamanaka Exceed Wool FL（粗）/原白色（701）、黄绿色…各4g，婴儿粉色（735）…3g，橙粉色（739）…1g
其他 Hamanaka 缝制式半球形玩偶眼睛/8mm（H220-608-1）…1组、抗菌防臭手工棉（H405-401）…少量
针 5/0号钩针

编织方法
※按照❶~❸的顺序，看着底座和左右耳的编织图编织
第3行…在指定的位置加线，挑起第2行头部的后面半针编织
第4行…第2行的挑针部分，需挑起头部的后面半针编织
第5行…第4行的被挑针目是锁针时，需成束挑起编织
第7行…挑起第2行针目头部剩余的半针编织
※唇周…参考编织图编织2片，将2片用卷针缝缝合
※在唇周中塞入薄薄的手工棉后将其缝合在底座
※将半球形玩偶眼睛缝在指定位置
※用飞鸟绣绣出鼻子和嘴，用直线绣绣出胡子
※全部编织好后，用蒸汽熨斗调整形状

底座、左右耳朵配色

行数	颜色
第11行	原白色
第7~10行	橙粉色
第5、6行	婴儿粉色
第3、4行	黄绿色
第1、2行	原白色

= 3卷长针

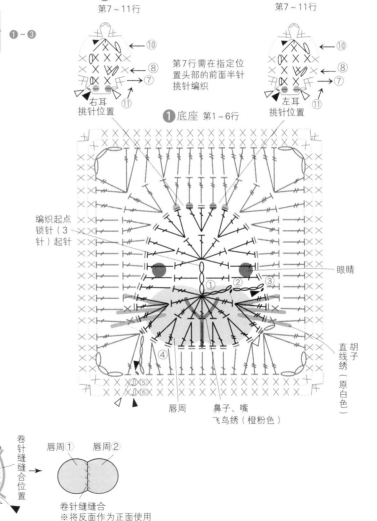

❷ 右耳
第7~11行

❸ 左耳
第7~11行

第7行需在指定位置头部的前面半针挑针编织

右耳挑针位置

左耳挑针位置

❶ 底座 第1~6行

编织起点
锁针（3针）起针

眼睛

胡子 直线绣（原白色）

唇周 鼻子、嘴 飞鸟绣（橙粉色）

唇周
原白色 2片

环

卷针缝缝合位置

唇周① 唇周②

卷针缝缝合
※将反面作为正面使用

78、79

尺寸 10cm × 10cm
图片 p.40

线

78 Hamanaka Exceed Wool FL（粗）/墨蓝色
（726）…4g、褐色（705）…3g、米色（731）…
2g、黑色（730）…少量

79 Hamanaka Exceed Wool FL（粗）/水蓝色
（※）…4g、原白色（701）…3g、黄色（743）
2g、黑色（730）…少量

其他 Hamanaka 缝制式半球形玩偶眼睛/6mm
（H220-606-1）…1组

※ = 因为是废号色，所以选用喜欢的线替代即可

针 4/0号钩针

■ 小熊背包

尺寸 24.5cm × 23cm
图片 p.3

线 Hamanaka Exceed Wool L（中粗）/藏青色
（825）…110g、蓝色（848）…32g
Hamanaka Exceed Wool FL（粗）/墨蓝色（726）…
7g、褐色（705）…6g、米色（731）…4g、黑色
（730）…少量

其他 Hamanaka 缝制式半球形玩偶眼睛/6mm
（H220-606-1）…2组、厚卡纸（4cm）…1张

针 4/0号钩针（花片）、5/0号钩针（主体、肩带、绳
子）

唇周
78…褐色 79…原白色
小熊背包…褐色

78、79、小熊背包 通用…黑色

鼻子
上

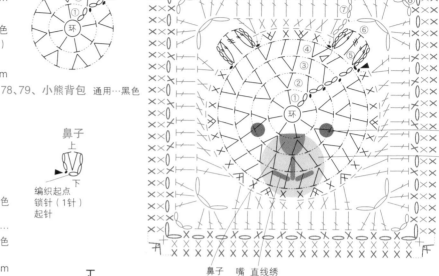

花片
第1～10行

编织起点
锁针（1针）
起针
下

鼻子 嘴 直线绣
（78、79、小熊背包 通用…黑色）

眼睛
唇周

=3卷长针

=2针长针的枣形针

78、79花片的编织方法
第6行…挑起第5行针目头部的后面半针编织
第7～9行…前一行的被挑针目是锁针时，需成束挑起编织
※唇周、鼻子…参考编织图，分别编织
※唇周需将线头薄薄地塞入后缝合在花片上，再在上方缝上鼻子
※将半球形玩偶眼睛缝在指定位置上
※用直线绣绣出嘴（参考p.127）
※全部编织好后，用蒸汽熨斗调整形状

小熊背包的编织方法
1. 编织2片花片（口袋）（参考"78、79花片的编织方法"，按相同的方法编织）
2. 编织主体。编织51针锁针起针，第1行需挑起锁针的周围环形编织。编织45行短针的条纹针的配色花样。继续编织3行边缘编织
3. 参考编织图，分别编织肩带、绳子
4. 将花片（口袋）配置在主体前侧，将三条边用半回缝的方法缝合
5. 绳子需穿入边缘编织第1行的穿绳位置中，将流苏缝在袋子的顶端
6. 肩带需缝合在主体的指定位置

78、79 配色		
作品\行数	78	79
第10行	米色	黄色
第9行	墨蓝色	水蓝色
第8行	米色	黄色
第6、7行	墨蓝色	水蓝色
第1～5行	褐色	原白色

小熊背包 花片（口袋）配色	
行数	颜色
第10行	米色
第9行	墨蓝色
第8行	米色
第6、7行	墨蓝色
第1～5行	褐色

小熊背包 主体、肩带配色	
	颜色
▬	蓝色
—	藏青色

小熊背包
流苏 蓝色 2个
※制作方法需参考右图

小熊背包
绳子 蓝色
编织起点
←45cm 锁针（110针）起针→

流苏的制作方法

厚卡纸
4cm
3.5cm
1cm

①绕8次线
②将相同的线穿入线圈的一侧后打结，取下厚卡纸
③用另一结固线绕几次
④剪开下方的线圈，将长度修剪整齐

小熊背包
主体（边缘编织）

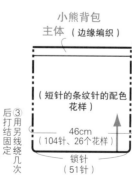

2cm（3行）

（短针的条纹针的配色花样）

22.5cm（45行）

46cm（104针、26个花样）

锁针（51针）起针

小熊背包
口袋 2片
10
10cm
（花片）
10cm

小熊背包 肩带 2根

编织起点
锁针（84针）起针
←42cm→

※第4行需用藏青色线在第1行长针根部的最底部编织引拔针锁链（参考p.51）

3cm

组合方法

正面

主体
流苏
1.5cm

花片（口袋）（3行）

反面
右肩带 左肩带

用半回针缝缝合在主体的正面（在花片最后一行的短针头部的下方挑针）

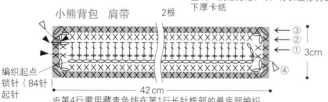

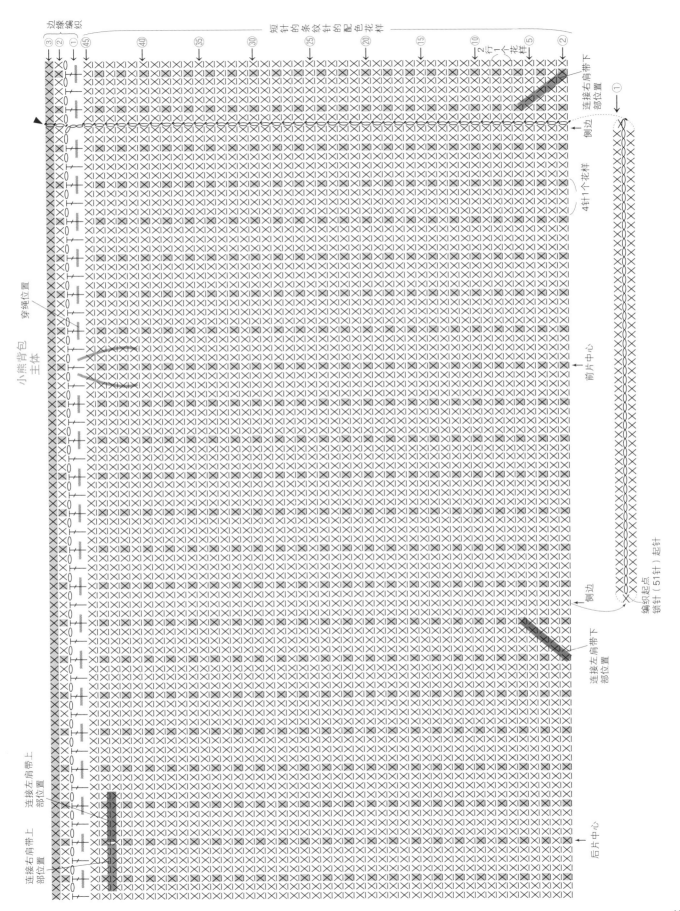

边缘编织

③
②
①

短针的条纹针的配色花样

45　40　35　30　25　20　15　10　5　2

连接右肩带下部位置

①

侧边

4针1个花样

2行1个花样

小熊背包
主体

穿绳位置

前片中心

侧边

连接左肩带下部位置

编织起点
锁针（51针）起针

连接左肩带上部位置

连接右肩带上部位置

后片中心

尺寸 10cm × 10cm
图片 p.41 重点教程 p.54

线 Hamanaka Exceed Wool FL（粗）/石灰绿色（※）…9g、浅灰色（※）…7g
※＝因为是废号色，所以选用喜欢的线替代即可
其他 Hamanaka 缝制式半球形玩偶眼睛/6mm（H220-606-1）…1组、抗菌防臭手工棉（H405-401）…少量
针 4/0号钩针

底座、左右耳朵、鼻子
配色

行数	颜色
第13~15行	浅灰色
第7~12行	石灰绿色
第1~6行	浅灰色

编织方法
※按照❶~❺的顺序，看着底座和左右耳、鼻子的编织图编织
※首先，参考编织图，编织脸部背面的织片备用
第5行…鼻子需环形编织。从第4行开始继续编织好第5行后，最后的引拔针需在第3针立起的锁针上引拔，形成环形（编织方法参考p.54），按相同的方法环形编织第6行
第7行…将脸部背面反面相对重叠在底座的下面，参考p.54编织。除鼻子的挑针目位置外，需将第4行长针头部的后面半针和脸部背面最后一行的长针头部2根线一起挑起编织。鼻子只需挑起脸部背面编织。这时，在织片之间薄薄地塞入手工棉
第10行…第9行的被挑针目是锁针时，需成束挑起编织（转角的 需挑起除锁针头部的前面半针以外的线）
第13行…挑起第4行长针头部的前面半针编织
※将半球形玩偶眼睛缝在连接眼睛位置上
※全部编织好后，用蒸汽熨斗调整形状

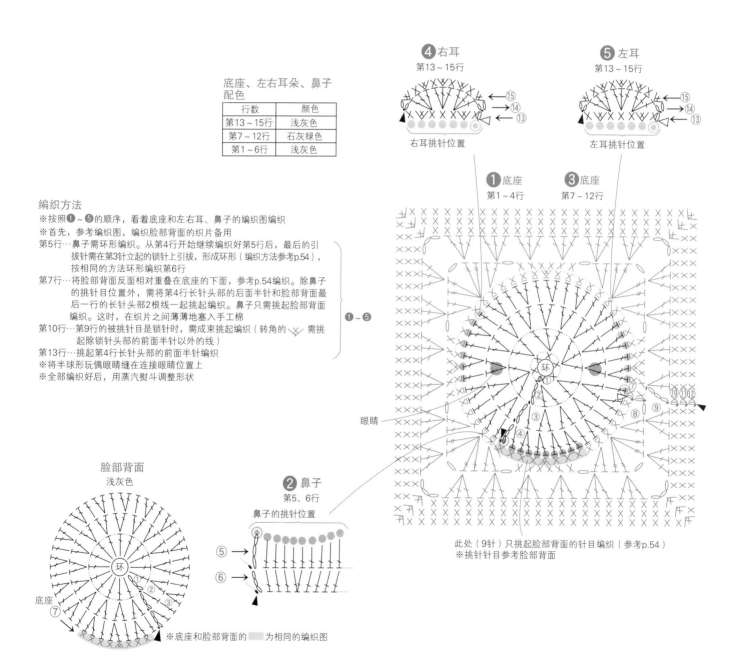

❹右耳
第13~15行
右耳挑针位置

❺左耳
第13~15行
左耳挑针位置

❶底座
第1~4行

❸底座
第7~12行

❶~❺

眼睛

此处（9针）只挑起脸部背面的针目编织（参考p.54）
※挑针针目参考脸部背面

脸部背面
浅灰色

环

底座
⑦

❷鼻子
第5、6行
鼻子的挑针位置

环

⑤
⑥

※底座和脸部背面的 ▨ 为相同的编织图

尺寸 10cm × 10cm
图片 p.41

线　Hamanaka　Amerry F（粗）/孔雀蓝色（515）…5g、万
寿菊黄色（503）…4g、朱橙色（507）…2g、自然白色
（501）…少量
Exceed Wool FL（粗）/黑色（230）…少量
其他　Hamanaka　缝制式半球形玩偶眼睛/6mm（H220-606-
1）…1组、抗菌防臭手工棉（H405-401）…少量
针　4/0号钩针

嘴、鼻子

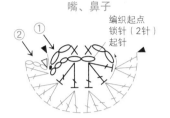

编织起点
锁针（2针）
起针

嘴、鼻子配色

行数	颜色
—（第1行）	黑色
—（第2行）	自然白色

编织方法

※按照❶～❷的顺序，看底座和鬃毛的编织图编织
※首先，参考编织图，编织脸部背面的织片备用
第5行…将脸部背面反面相对重叠在底座的下面，2片一起挑起底座第4行
　　　　长针头部的后面半针和脸部背面最后一行长针的头部2根线编织。
　　　　这时，在织片之间薄薄地塞入手工棉。
第8行…第7行的被挑针目是锁针时，需成束挑起编织（转角的 \\/ 需挑起
　　　　除锁针头部的前面半针以外的线）
第11针（鬃毛）、耳朵…在指定位置，挑起第4行的长针头部的前面半针
　　　　编织鬃毛和耳朵
※嘴、鼻子…参考编织图编织，缝在底座上
※将半球形玩偶眼睛缝在指定位置
※全部编织好后，用蒸汽熨斗调整形状

❶～❷

脸部背面
万寿菊黄色

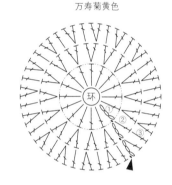

底座、鬃毛的配色

行数	颜色
第11行	朱橙色
第5~10行	孔雀蓝色
第1~4行	万寿菊黄色

❶ 底座
第1~10行

❷ 鬃毛
第11行

后接第11行

耳朵（万寿
菊黄色）

眼睛

嘴、鼻子

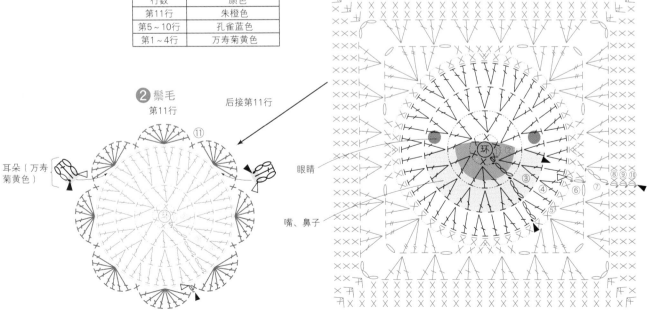

82

尺寸 10cm × 10cm
图片 p.42

线 Hamanaka Exceed Wool FL（粗）/红色（710）、绿色（※）…各3g，原白色（201）、褐色（205）、米色（231）…各2g，驼色（202）…1g，黑色（230）…少量
其他 Hamanaka 缝制式半球形玩偶眼睛/6mm（H220-606-1）…1组、抗菌防臭手工棉（H405-401）…少量
针 4/0号、5/0号钩针
※除指定外均用5/0号钩针编织

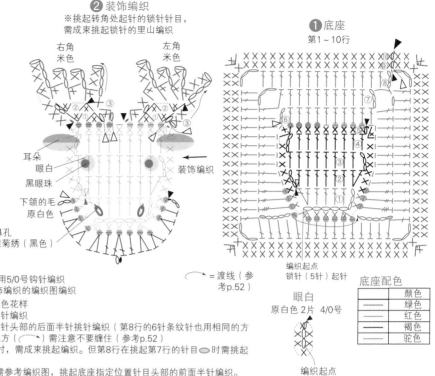

❷ 装饰编织
※挑起转角处起针的锁针针目，需成束挑起锁针的里山编织

右角 米色　　左角 米色

耳朵
眼白
黑眼珠
下颌的毛 原白色
鼻孔 雏菊绣（黑色）
← 装饰编织

❶ 底座
第1~10行

编织起点 锁针（5针）起针

= 渡线（参考p.52）

耳朵配色

	颜色
——	褐色
——	驼色

耳朵
2片

编织起点
锁针（3针）起针

编织方法
※只有眼白用4/0号钩针编织，其余均用5/0号钩针编织
※按照❶~❷的顺序，看着底座和装饰编织的编织图编织
第5行…一边替换配色线，一边编织配色花样
第6行…挑起前一行短针头部的前面半针编织
第7行…在条纹针的位置，在前一行短针头部的后面半针挑针编织（第8行的6针条纹针也用相同的方法编织）。中途渡线编织的地方（↶）需注意不要缠住（参考p.52）
第8、9行…前一行的被挑针目是锁针时，需成束挑起编织。但第8行在挑起第7行的针目⬯时需挑起锁针的头部编织
※装饰编织…左角、右角、下颌的毛需参考编织图，挑起底座指定位置针目头部的前面半针编织。
※眼白、耳朵需编织各个配件，用卷针缝缝在指定的位置
※将半球形玩偶眼睛缝在眼白上指定位置。用雏菊绣绣出鼻孔（参考p.127）
※全部编织好后，用蒸汽熨斗调整形状

眼白
原白色 2片 4/0号

编织起点
锁针（2针）起针

底座配色

	颜色
——	绿色
——	红色
——	褐色
——	驼色

83

尺寸 10cm × 10cm
图片 p.42　重点教程 p.57

线 Hamanaka Exceed Wool FL（粗）/原白色（701）…5g，绿色（※）…4g，酒红色（711）…3g，褐色（※）、红色（710）、黄色（743）…各1g
※ = 因为是废号色，所以选用喜欢的线替代即可
针 5/0号钩针

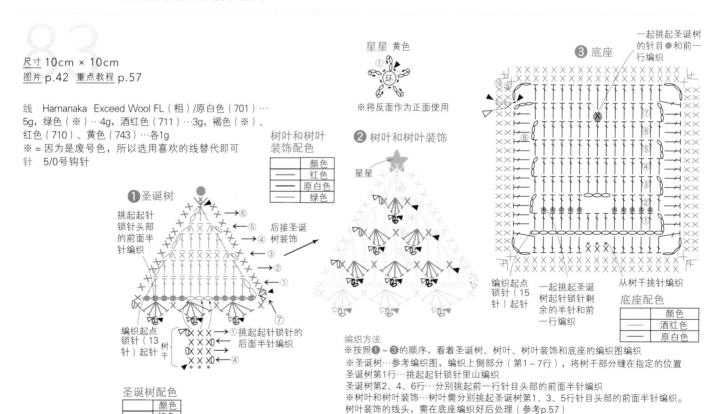

星星 黄色
环
※将反面作为正面使用

❷ 树叶和树叶装饰
星星

❸ 底座
一起挑起圣诞树的针目●和前一行编织

树叶和树叶装饰配色

	颜色
——	红色
——	原白色
——	绿色

❶ 圣诞树
挑起起针锁针头部的前面半针编织
←⑥
←⑤
后接圣诞树装饰
←④
←③
←②
←①

编织起点
锁针（13针）起针
树干
①挑起起针锁针的后面半针编织

①挑起起针锁针的里山编织
←⑦

编织起点
锁针（15针）起针
一起挑起圣诞树起针锁针剩余的半针和前一行编织

从树干挑针编织

圣诞树配色

	颜色
——	红色
——	绿色
——	褐色

底座配色

	颜色
——	酒红色
——	原白色

编织方法
※按照❶~❸的顺序，看着圣诞树、树叶、树叶装饰和底座的编织图编织
※圣诞树…参考编织图，编织上侧部分（第1~7行），将树干部分缝在指定的位置
圣诞树第1行…挑起起针锁针里山编织
圣诞树第2、4、6行…分别挑起前一行针目头部的前面半针编织
※树叶和树叶装饰…树叶需分别挑起圣诞树第1、3、5行针目头部的前面半针编织。树叶装饰的线头，需在底座编织好后处理（参考p.57）
※底座…第2行和第7行将圣诞树的指定位置一起挑针编织
第8行需在指定位置从树干上挑针编织
※星星…参考编织图编织，缝合在指定位置上
※全部编织好后，用蒸汽熨斗调整形状

84

尺寸 8.5cm × 8.5cm
图片 p.43　重点教程 p.58

线　Hamanaka　纯毛中细/红色（10）、白色
（26）…各1.5g，酒红色（11）、绿色（24）…
各1g
针　3/0号钩针

配色

行数		颜色
	（第1、第3~6行）	红色
	（第2、8行）	白色
	（第7行）	绿色
	（第9行）	酒红色

※第4行的编织方法参考p.58
※织片的定型方法参考p.53

※在第3、5、7、8行的
需成束挑起锁针编织

86 87

尺寸 9.5cm × 9.5cm
图片 p.43　重点教程 p.59

线
86 Hamanaka　纯毛中细/白色（26）…2g，
米白色（1）、绿色（24）…各1.5g，红色
（10）…1g，黄绿色（22）…0.5g，黄色
（43）…少量
87 Hamanaka　纯毛中细/红色（10）…2g、
米白色（1）、绿色（24）…各1.5g，酒红色
（11）…1g，黄绿色（22）…0.5g，黄色
（43）…少量
针　3/0号钩针

※第6行需将第4、5行倒向前面，成束挑起
第3行的锁针编织　　　　　　　　　　参考p.59
※第7行需一边包住第4、5行，一边在第6行上
编织
※织片的定型方法参考p.53

刺绣
在花片的中心用1根指定颜色的
线刺绣法式结粒绣（绕2次线）
（参考p.127）

⊙ = 黄绿色　● = 黄色

配色

作品　　　行数	86	87
	黄绿色	
	白色	红色
	绿色	
	米白色	
	红色	酒红色

 = 3针锁针的狗牙拉针

85

尺寸 8.5cm × 8.5cm
图片 p.43　重点教程 p.58

线　Hamanaka　纯毛中细/米白色（1）…3g，
红色（10）、绿色（24）…各1.5g，酒红色
（11）…0.5g
针　3/0号钩针

编织顺序
1.编织叶子
2.从叶子的第1行上挑针，编织主体
3.编织果实，缝合在主体上

❶ 叶子 绿色
第 2 行需挑起短针的前面半针编织
用往返编织的方法编织第 3、4 行，1
片叶子编织完成
按照相同的要领，从第 1 行的指定位
置编织出剩余的 2 片叶子

●、☆、★＝主体第4行的挑针位置

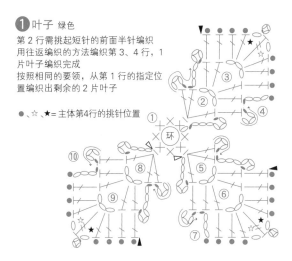

❸ 果实

3个 红色

在里面塞入相同的线，在第 3
行针目头部的前面半针中穿入
编织终点的线后拉紧
※线头需留长一些，用于缝合

组合方法　　　　将果实缝在中心

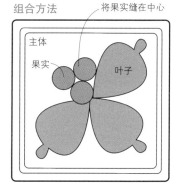

主体
果实　叶子

❷ 主体　　　　与叶子一起挑针

叶子的
第1行

环

※主体的编织方法和第4行的编织方法参考p.58

在叶子第 1 行剩余的后面半针上加线，编织第
1 ～ 3 行。第 4 行的针目 ● 将叶子的第 4 行
和主体的第 3 行的针目 ● 一起挑起编织

主体第4行的 　、　 需分别成束挑起叶子
第4行的☆、★ 处和主体第3行的锁针编织

配色

行数		颜色
—————（第1～4行）		米白色
----------（第5行）		酒红色
━━━━（第6行）		红色

尺寸 边长 15cm
图片 p.44 重点教程 p.59

线 Olympus Emmy Grande（段染）/粉色（11）…6g
Emmy Grande（Bijou）/绿色（L250）…2g
Emmy Grande/深粉色（102）…1g
针 0号蕾丝针

编织方法
1.按照 ❶～❸ 的顺序编织并连接花片（参考p.59）
2.一边连接，一边编织中央的绿色花片
3.加线，一边配色一边编织外圈的3行，并编织成三角形

配色

行数	颜色
	绿色
	粉色
	深粉色

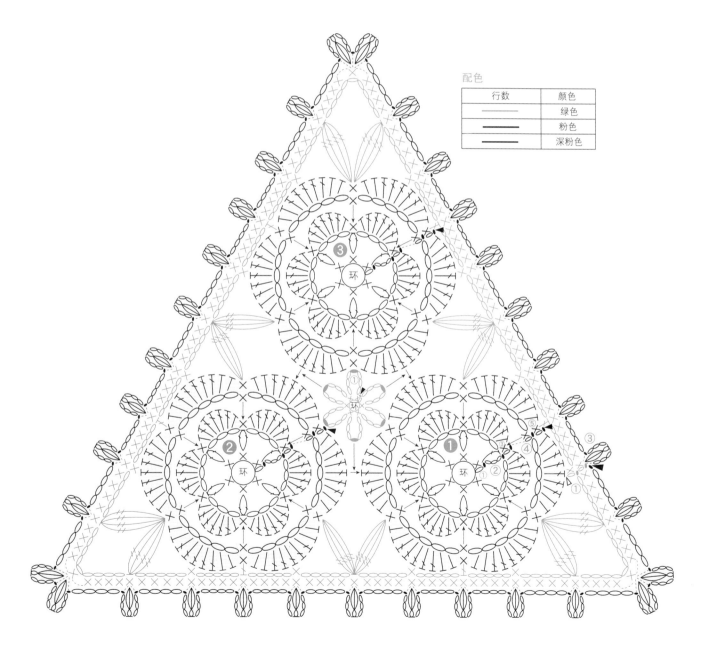

89、90

尺寸 边长 10cm
图片 p.45

线
89 Olympus Emmy Grande/紫红色（194）、深紫
色（778）…各1g
emmy grande（Herbs）/浅粉色（118）…少量
90 Olympus Emmy Grande（Colors）/珊瑚粉色
（172）…1g
Emmy Grande/浅米色（810）…1g、深褐色
（739）…少量
针 0号蕾丝针

配色

行数 \ 作品	89	90
——（第4行）	深紫色	深褐色
——（第3行）	浅粉色	浅米色
——（第1、2行）	紫红色	珊瑚粉色

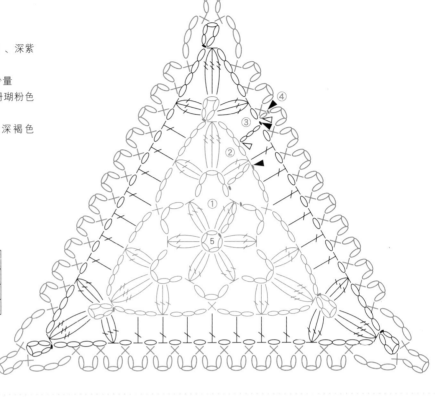

91、92

尺寸 边长 7cm
图片 p.45

线
91 Olympus Emmy Grande/浅褐色（736）、深褐
色（739）、米白色（804）…各少量
92 Olympus Emmy Grande/蓝绿色（390）、炭灰
色（416）、米白色（804）…各少量
针 0号蕾丝针

配色

行数 \ 作品	91	92
——（第3、4行）	浅褐色	炭灰色
——（第2行）	米白色	蓝绿色
——（第1行）	深褐色	米白色

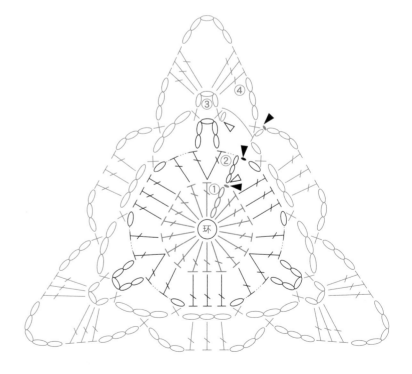

尺寸 边长 10 cm
图片 p.46

线 Olympus Emmy Grande（Herbs）/绿色
（273）…3g，水蓝色（341）、白色（800）
…各1g
针 0号蕾丝针

配色

行数	颜色
	水蓝色
	白色
	绿色

编织方法
1.从中央的花片开始编织。编织4针锁针起针，编织12针短针
2.环形编织至第6行，然后继续编织第7～10行，需呈三角形编织

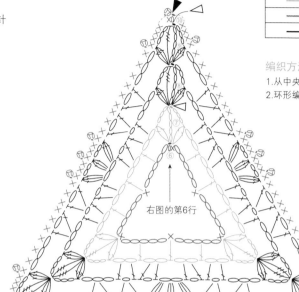

右图的第6行

$\mathrm{\mathsf{\Upsilon}}$ =3卷长针

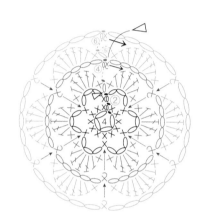

尺寸 10cm × 10cm
图片 p.46

线 Olympus Emmy Grande/浅粉色
（161）…4g
Emmy Grande（Herbs）/红色
（190）…2g、深粉色（119）…1g
针 0号蕾丝针

配色

行数	颜色
	浅粉色
	红色
	深粉色

=编织长针，在长针的头部
编织3针狗牙拉针

编织方法
1.从中央的花片开始编织。做
环形起针，按编织图编织
2.环形编织至第8行，然后继
续编织第9～13行，需呈方
形编织

环

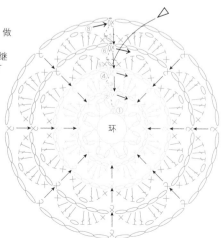

左图的第8行

95

尺寸 7cm × 7cm
图片 p.47

线 Olympus Emmy Grande/浅绿色（251）
···2g、蓝色（305）···1g
针 0号蕾丝针

配色

行数	颜色
	蓝色
	浅绿色

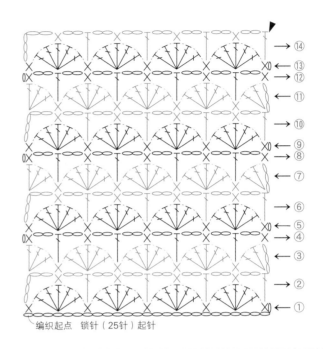

编织起点 锁针（25针）起针

96

尺寸 7cm × 7cm
图片 p.47

线 Olympus Emmy Grande/浅粉橙色
（※）···2g、浅水蓝色（361）···少量
※因为是废号色，所以选用喜欢的线替代即可
针 0号蕾丝针

配色

行数	颜色
	浅水蓝色
	浅粉橙色

尺寸 7cm × 7cm
图片 p.47

线 Olympus Emmy Grande/深灰色
（486）、浅黄色（520）…各2g，灰粉色
（165）…少量
针 0号蕾丝针

配色

行数	颜色
——	深灰色
——	浅黄色
——	灰粉色

● 需挑起 ⬭ 的
上半针和里山编织

尺寸 7cm × 7cm
图片 p.47 重点教程 p.59

线 Olympus Emmy Grande/橄榄绿色
（288）…3g、浅米色（810）…2g
针 0号蕾丝针

配色

行数	颜色
——	橄榄绿色
——	浅米色

编织方法
1.编织4片花片a（第1~3行）
2.编织花片b。在第3行将花片a的针从针目中抽出，分开
要连接的针目引拔连接（参考p.59）
3.在花片a、b的周围编织2行，整理成正方形

99

尺寸 10cm × 10cm
图片 p.48

线　Daruma　蕾丝线 #20/原白色（2）…
3g，米色（3）、红色（10）…各2g
针　2/0号钩针

配色

行数	颜色
——	原白色
——	米色
——	红色

100

尺寸 10cm × 10cm
图片 p.48

线　Daruma　蕾丝线 #20/白色（1）、孔雀
蓝色（8）、薄荷绿色（16）…各2g
针　2/0号钩针

配色

行数	颜色
——	白色
——	薄荷绿色
——	孔雀蓝色

尺寸 10cm × 10cm
图片 p.49

线 Daruma 蕾丝线 #20/柠檬黄色（12）…2g，
白色（1）、鲜绿色（19）…各1g
针 0号蕾丝针

配色

行数	颜色
——	白色
——	鲜绿色
——	柠檬黄色

X = 第7行的短针需挑起
针目与针目之间编织

尺寸 10cm × 10cm
图片 p.49

线 Daruma 蕾丝线 #20/白色（1）、烟蓝
色（7）、薄荷绿色（16）…各2g
针 0号蕾丝针

配色

行数	颜色
——	白色
——	薄荷绿色
——	烟蓝色

103

尺寸 10cm × 10cm
图片 p.49

线 Daruma 蕾丝线 #20/白色（1）…3g,
烟蓝色（7）、红色（10）…各2g
针 0号蕾丝针

配色

行数	颜色
——	白色
——	红色
——	烟蓝色

104

尺寸 10cm × 10cm
图片 p.49

线 Daruma 蕾丝线 #20/柠檬黄色（12）…2g,
橄榄绿色（11）、薄荷绿色（16）…各1g
针 0号蕾丝针

配色

行数	颜色
——	橄榄绿色
——	柠檬黄色
——	薄荷绿色

※ 为了清晰易懂，更换了线的颜色进行讲解

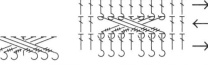

42

图片 p.23　制作方法 p.82

3 针变形的 3 卷长针的正拉针的右上交叉

1 在针上绕 3 次线，按照针目 5、6、7 的顺序，按箭头所示挑针编织 3 卷长针的正拉针。

2 在针目 4 上编织长针。这针长针编织在针目 5～7 上的 3 卷长针的正拉针的下方。

3 在针上绕 3 次线，按照针目 1、2、3 的顺序，按箭头所示挑针编织 3 卷长针的正拉针。

4 在针目 1、2、3 上编织的 3 针 3 卷长针的正拉针重叠在最上方。

43

图片 p.23　制作方法 p.82

3 针变形的长长针的正拉针的右上交叉

  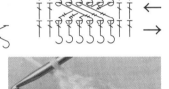 

1 在针上绕 2 次线，按照针目 4、5、6 的顺序，按箭头所示挑针编织长长针的正拉针。

2 编织好针目 4～6 后，按照针目 1、2、3 的顺序，按箭头所示挑针编织长长针的正拉针。

3 针目 1～3 编织好后重叠在针目 4～6 编织好的针目上方。

4 3 针变形的长长针的正拉针的右上交叉编织好的样子。

43

图片 p.23　制作方法 p.82

3 针变形的长长针的正拉针的左上交叉

  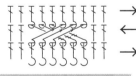  

1 在针上绕 2 次线，按照针目 4、5、6 的顺序，按箭头所示挑针编织长长针的正拉针。

2 编织好针目 4～6 后，按照针目 1、2、3 的顺序，按箭头所示挑针编织长长针的正拉针。

3 将织片倒向前面编织会更易操作。

4 3 针变形的长长针的正拉针的左上交叉编织好的样子。

52　图片 p.27　制作方法 p.86
2 针变化的长针的正拉针和长针的左上交叉

1 跳过 2 针，按箭头所示依次编织 2 针长针的正拉针。

2 2 针长针的正拉针编织好了。

3 继续在针上挂线，在跳过的针目上按箭头所示入针，编织 2 针长针。

4 2 针变化的长针的正拉针和长针的左上交叉编织好了。

52　图片 p.27　制作方法 p.86
长针的正拉针 3 针并 1 针

1 在针上挂线，按箭头所示依次入针，编织未完成的长针的正拉针。

2 未完成的长针的正拉针编织好了。

3 在针上挂线，按箭头所示一次性引拔出。

4 长针的正拉针 3 针并 1 针编织好了。

52　图片 p.27　制作方法 p.86
2 针变化的长针和长针的正拉针的右上交叉

1 跳过 2 针，按箭头所示依次编织 2 针长针。

2 2 针长针编织好了。

3 继续在针上挂线，在跳过的针目上按箭头所示入针，编织 2 针长针的正拉针。

4 2 针变化的长针和长针的正拉针的右上交叉编织好了。

52　图片 p.27　制作方法 p.86
长针的正拉针 1 针放 3 针

   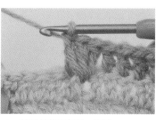

1 在针上挂线，按箭头所示入针。

2 编织 1 针长针的正拉针。按相同的方法再重复 2 次。

3 第 2 针编织好了。

4 第 3 针编织好了。完成。

钩针编织基础

编织图的看法 本书中的编织图均为从正面看到的标记。
在钩针编织中，没有正针和反针的区别（拉针除外），
即使是在交替看着正面与反面编织的平针编织中，符号的标记也是相同的。

锁针的看法

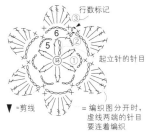

行数标记

③

= 剪线

= 编织图分开时，虚线两端的针目要连着编织

从中心开始编织成环时

在中心制作线环（或锁针），然后一行一行编织。在各行的起点编织起立针，一行一行编织下去。通常都是看着织片的正面，从右向左看着编织图编织。

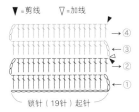

▽ = 剪线 ▽ = 加线

锁针（19针）起针

平针编织时

以左右两侧的起立针为标志，基本编织方法是：右侧出现起立针时就看着织片的正面，从右向左参照编织图编织；左侧出现起立针时就看着织片的反面，从右向左参照编织图编织。图为在第3行更换了配色线的编织图。

正面

反面

里山

锁针的针目有正、反面之分。在反面的中间有1根线，这个位置叫锁针的"里山"。

线和针的拿法

1 将线从左手的小指和无名指之间拉出至前面，挂在左手食指上，将线头拉至前面。

2 用左手拇指和中指捏住线头，立起食指，将线拉紧。

3 用右手的拇指和食指握住钩针，中指轻轻托住针尖。

最初的针目的制作方法

1 将钩针放在线的外侧，如箭头所示转动针尖。

2 再次在针尖上挂线。

3 穿过线圈，将线拉出至前面。

4 拉出线头，拉紧针目，最初的针目就完成了（这个针目不算作第1针）。

起针

环

从中心开始钩织成环时（用线头制作圆环）

1 在左手的食指上绕2次线，制作圆环。

2 从手指上摘下圆环，在圆环中入针，如箭头所示挂线，拉至前面。

拉出的针目

3 再次在针尖上挂线并拉出，编织立起的锁针。

4 第1行均在圆环中入针，编织所需数目的短针。

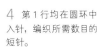

5 暂时将钩针抽出，拉住最初的圆环的线1和线头，拉紧线2。

6 第1行的终点，需在最初的短针头部入针，挂线后引拔出。

6

从中心开始钩织成环时（用锁针制作圆环）

1 编织所需数目的锁针，在第1个锁针的半针中入针，引拔出。

2 在针尖上挂线后拉出。这就是立起的锁针。

3 第1行需在圆环的中心入针，成束挑起锁针，编织所需数目的短针。

4 第1行的终点，需在最初的短针头部入针，挂线后引拔出。

平针编织时

立起的1针锁针

1 编织所需数目的锁针和立起的锁针，在从顶端起第2针锁针中入针，挂线后拉出。

2 在针尖上挂线，如箭头所示，挂线后拉出。

3 第1行编织好的样子（1针立起的锁针不算作1针）。

挑起前一行的针目

即使是相同的枣形针,符号图不同,挑针方法也不同。符号图的下方闭合时,需在前一行的1个针目上入针编织;符号图下方分开时,需成束挑起前一行的锁针编织。

 在1个针目上入针编织

 1

 2

 成束挑起锁针编织

 1

 2

针法符号

 锁针

 5针

1 编织最初的针目(参考 p.123),并在针尖上挂线。

2 将挂在针上的线拉出,完成锁针。

3 按相同的方法,重复步骤1、2。

4 完成5针锁针。

 引拔针

1 在前一行的针目中入针。

2 在针尖上挂线。

3 将线一次性引拔出。

4 完成1针引拔针。

 短针

1 在前一行的针目中入针。

2 在针尖上挂线,将线圈拉出至前面(这个拉出后的状态叫"未完成的短针")。

3 再次在针尖上挂线,一次性引拔2个线圈。

4 完成1针短针。

 中长针

未完成的中长针

1 在针尖上挂线,在前一行的针目中入针。

2 再次在针尖上挂线,拉出至前面(这个拉出后的状态叫"未完成的中长针")。

3 在针尖上挂线,一次性引拔3个线圈。

4 完成1针中长针。

 长针

未完成的长针

1 在针尖上挂线,在前一行的针目中入针。再次在针尖上挂线,将线拉出至前面。

2 如箭头所示,在针尖上挂线,一次性引拔2个线圈(引拔后的状态叫"未完成的长针")。

3 再次在针尖上挂线,如箭头所示一次性引拔余下的2个线圈。

4 完成1针长针。

长长针　　3卷长针　　※( )内为3卷长针的绕线次数

1 在针尖上挂线2次(3次)线,在前一行的针目中入针,在针尖上挂线后将线拉出至前面。

2 如箭头所示,在针尖上挂线,引拔穿过2个线圈。

3 重复2次(3次)相同的操作。第1次结束时的状态叫"未完成的长长针"。

4 完成1针长长针(3卷长针)。

短针2针并1针

1 在前一行的针目中入针,挂线后拉出线圈。
2 从下一针开始也按照相同的方法入针,挂线后拉出线圈。
3 在针尖上挂线,一次性引拔3个线圈。
4 完成短针2针并1针。比前一行减少了1针。

短针1针放2针

1 编织1针短针。
2 在同一针目中再次入针,挂线后拉出线圈至前面。
3 在针尖上挂线,按箭头所示再次引拔出。
4 完成短针1针放2针。比前一行增加了1针。

短针1针放3针

1 编织1针短针。
2 在同一针目中再编织1针短针。
3 短针1针放2针编织好了。再在同一针目中编织1针短针。
4 完成短针1针放3针。比前一行增加了2针。

3针锁针的狗牙拉针

※如果针数是3针以外的情况,可在步骤1中编织指定的针数,按相同要领引拔出

1 编织3针锁针。
2 从短针的头部半针和根部1根线中入针。
3 在针尖上挂线,如箭头所示,一次性引拔所有线圈。
4 完成3针锁针的狗牙拉针。

长针2针并1针

※如果针数是2针以外或长针以外的情况,可按相同要领,编织指定针数的未完成的针法,在针尖上挂线,一次性引拔所有挂在针上的线圈

1 在前一行的1个针目中编织1针未完成的长针(参考p.124),然后在针尖上挂线,在下一针中如箭头所示入针,挂线后拉出。
2 在针尖上挂线,一次性引拔2个线圈,编织第2针未完成的长针。
3 在针尖上挂线,一次性引拔3个线圈。
4 完成长针2针并1针。比前一行减少了1针。

长针1针放2针

※如果针数是2针以外或长针以外的情况,可按相同要领,在前一行的1个针目中编织指定针数即可

1 在编织了1针长针的同一针目上再次编织长针。
2 在针尖上挂线,一次性引拔2个线圈。
3 再次在针尖上挂线,一次性引拔余下的2个线圈。
4 在1个针目中编织了2针长针的样子。比前一行增加了1针。

短针的菱形针

※每行改变织片的方向编织短针的菱形针

1 按箭头所示,在前一行针目的后面半针(横线)上入针。
2 编织短针,下一个针目也按照相同方法在后面半针上入针。
3 编织至一端后,改变织片的方向。
4 按照与步骤1、2相同的方法,在后面半针上入针,编织短针。

短针的条纹针

※每行按同一方向编织短针的条纹针

1 每行都看着正面编织。编织1行短针后,在最初的针目中入针并引拔出。
2 编织1针立起的锁针,挑起前一行的后面半针(横线),编织短针。
3 按照相同的方法,重复步骤2的要领,继续编织短针。
4 前一行的前面半针呈现出条纹状。图为正在用短针的条纹针编织第3行的样子。

3针长针的枣形针

※如果针数是3针以外或长针以外的情况，可按相同要领，在前一行的1个针目中，编织指定针数的未完成的针法，再按照步骤3一次性引拔针上的线圈。

1 在前一行的针目中编织1针未完成的长针（参考p.124）。

2 在同一针目中入针，继续编织2针未完成的长针（合计3针）。

3 在针尖上挂线，一次性引拔针上的4个线圈。

4 完成3针长针的枣形针。

 5针长针的爆米花针

※如果针数是5针以外的情况，可按相同要领，将在步骤1中编织的针数编织成指定的针数即可

1 在前一行的同一针目中编织5针长针，将针暂时抽出，如箭头所示重新入针。

2 将针尖上的线圈如箭头所示拉出至前面。

3 再编织1针锁针，拉紧。

4 完成5针长针的爆米花针。

 3针中长针的变形的枣形针

1 在前一行的针目中入针，编织3针未完成的中长针（参考p.124）。

2 在针尖上挂线，如箭头所示一次性引拔6个线圈。

3 再次在针尖上挂线，一次性引拔剩余的2个线圈。

4 3针中长针的变形的枣形针完成。

 长针的正拉针

※用往返编织的方法看着反面编织时，需编织反拉针。如果是长针以外的情况，可按相同的要领，如步骤1的箭头所示入针，编织指定的针法

1 在针尖上挂线，在前一行长针的根部，如箭头所示从正面入针。

2 在针尖上挂线，如箭头所示拉出较长的线。

3 再次在针尖上挂线，一次性引拔2个线圈。再重复1次相同的动作。

4 完成1针长针的正拉针。

 **长针的反拉针**

※用往返编织的方法看着反面编织时，需编织正拉针

1 在针尖上挂线，在前一行长针的根部，如箭头所示从背面入针。

2 在针尖上挂线，如箭头所示向织片的后面拉出较长的线。

3 在针尖上挂线，一次性引拔2个线圈。再次在针尖上挂线，一次性引拔2个线圈。

4 完成1针长针的反拉针。

 短针的正拉针

※用往返编织的方法看着反面编织时，需编织反拉针

1 在前一行短针的根部，如箭头所示入针。

2 在针尖上挂线，拉出比短针长的线。

3 再次在针尖上挂线，一次性引拔2个线圈。

4 完成1针短针的正拉针。

 短针的反拉针

※用往返编织的方法看着反面编织时，需编织正拉针

1 在前一行短针的根部，如箭头所示从反面入针。

2 在针尖上挂线，如箭头所示向织片的后面拉出。

3 拉出比短针长的线，再次在针尖上挂线，一次性引拔2个线圈。

4 完成1针短针的反拉针。

罗纹绳的编织方法

1 线头需保留约3倍于完成尺寸的长度，制作最初的针目（参考p.123）。

2 将保留的线头从前向后挂在钩针上，再挂上另一侧的编织线后引拔出。

3 重复步骤2，编织所需针数。

4 在编织终点，无须挂上线头，只将编织线挂在针上后拉出。

引拔接合

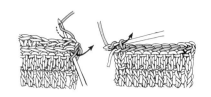

1 将2片织片正面相对对齐（或反面相对对齐），在一端的针目中入针后拉出，再在钩针上挂线后引拔出。

2 在下一个针目中入针，在针上挂线后引拔。重复这个操作，一针一针引拔接合起来。

3 接合终点处需在针上挂线后引拔出，剪线。

条纹花样的编织方法（环形编织时，在一行的终点换线的方法）

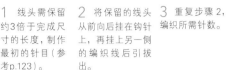 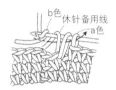   

1 完成一行最后的短针时，将休针备用的线（a色）从前面向后挂在针上，用下一行的编织线（b色）引拔。

2 引拔好的样子。a色线需在背面休针备用，在第1针短针的头部入针，用b色线引拔，形成环形。

3 形成了环形。

4 继续，编织1针立起的锁针，编织短针。

卷针缝
（挑起全针的方法）

 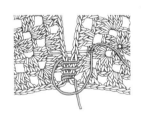 

（挑起半针的方法）

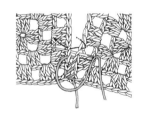

1 2片织片的正面向上对齐，挑起边缘针目头部的2根线，拉出。缝合起点和终点的针目需挑针2次。

2 挑起每个针目缝合。

3 缝合至一端的样子。

2片织片的正面向上对齐，挑起外侧半针（针目头部的1根线），拉出。缝合起点和终点的针目需挑针2次。

刺绣线迹的刺绣方法

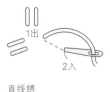 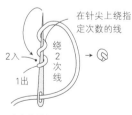 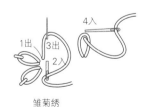

直线绣

法式结粒绣

雏菊绣

飞鸟绣

其他基础索引

备案号：豫著许可备字-2024-A-0065

图书在版编目（CIP）数据

新版钩针编织图案大全集 / 日本 E&G 创意编著；刘晓冉译 . -- 郑州：河南科
学技术出版社，2024.11. --ISBN 978-7-5725-1771-6

Ⅰ. TS935.521-64

中国国家版本馆 CIP 数据核字第 2024HQ3521 号

出版发行：河南科学技术出版社
　　　　　地址：郑州市郑东新区祥盛街27号　　邮编：450016
　　　　　电话：（0371）65737028　　65788613
　　　　　网址：www.hnstp.cn
策划编辑：张　培
责任编辑：张　培
责任校对：王晓红
封面设计：张　伟
责任印制：徐海东
印　　刷：河南新达彩印有限公司
经　　销：全国新华书店
开　　本：889 mm×1 194 mm　1/16　印张：8　字数：250千字
版　　次：2024年11月第1版　　2024年11月第1次印刷
定　　价：59.80元

如发现印、装质量问题，影响阅读，请与出版社联系并调换。